E-Mail-Korrespondenz

Juristisch und sprachlich korrekt

Prof. Dr. Edmund Beckmann
Dr. Steffen Walter

2. Auflage

So nutzen Sie dieses Buch

Die folgenden Elemente erleichtern Ihnen die Orientierung im Buch:

Beispiele und Übungen:

In diesem Buch finden Sie zahlreiche Beispiele, die das Gesagte illustrieren. Übungen regen Sie dazu an, das Gelesene umzusetzen.

Definitionen:

Hier werden Begriffe kurz und knapp erläutert.

Die Merkkästen enthalten hilfreiche Hinweise und wertvolle Tipps.

Auf den Punkt gebracht

Am Ende jedes Kapitels finden Sie eine kurze Zusammenfassung.

Inhalt

Inhalt

Vorbemerkung

Die Korrespondenzwelt befindet sich zurzeit in einer Umbruchphase. Der klassische Geschäftsbrief ist ein Auslaufmodell geworden. Das heißt natürlich nicht, dass es am Ende des Jahres keine papiernen Briefe mehr gibt. Privatpersonen werden aus alter Gewohnheit oder weil die technischen Möglichkeiten fehlen oder aus Sicherheitsgründen einen traditionellen Brief schreiben.

Der Brief wird von einer bestimmten Personengruppe wahrscheinlich traditionell genutzt, vielleicht aber auch unter der Maßgabe: Da gibt es etwas Schwarz auf Weiß. Der Briefbogen an sich wird uns in der Geschäftswelt als E-Mail-Anhang noch eine ganze Weile begleiten. Beispielsweise: Die E-Mail selbst ist in der Regel keine Rechnung, sondern nur das kleine Anschreiben. Die Rechnung erfolgt als Anhang im PDF-Format mit rechtswirksamer Unterschrift. Die Mehrheit der Privatpersonen schreibt heute lieber eine E-Mail oder trägt etwas auf eine Plattform des Unternehmens ein. Es ist so leicht geworden, mit Unternehmen geschäftlich zu korrespondieren.

Es entfällt das mühsame Schreiben an der Schreibmaschine bzw. das aufwendige handschriftliche Verfassen. Es wird kein Briefcouvert und keine Briefmarke benötigt. Und der Gang zum Briefkasten entfällt. Letzteres ist unter dem Gesichtspunkt der Bewegungsarmut vielleicht doch nicht nur positiv zu bewerten.

Ein noch viel größerer Vorteil der E-Mail-Korrespondenz liegt für viele Nutzer in der Schnelligkeit und (leider vielfach auch) der möglichen Anonymität. Wenn jemand als Kunde Ärger mit einem Produkt oder mit einer Dienstleistung hat, dann will die Person möglichst rasch eine Antwort darauf.

Mit einer E-Mail kann der eine oder andere dem Unternehmen auch mal so richtig die Meinung sagen, ohne sich mit allen Daten zu offenbaren.

Die Korrespondenz zwischen den Unternehmen hat sich durch die E-Mail enorm beschleunigt: Anfrage – Angebot – Bestellung – Rechnung. Alles kann heute innerhalb weniger Stunden – vielleicht sogar Minuten erfolgen.

Besonders in Unternehmen nimmt die psychische Belastung der Mitarbeitenden durch die E-Mail-Flut und den Zeitdruck stark zu.

All diese Faktoren führen gegenwärtig dazu, dass das Schreiben von E-Mail-Korrespondenzen weiter zugenommen hat und dass ein weit größerer Personenkreis als früher zur „schreibenden Zunft" zählt. In diesem Zusammenhang entsteht die Frage:

Ist die E-Mail ein traditioneller Brief – nur anders versendet?

Vielleicht war es so am Anfang. Inzwischen hat sich eine eigene E-Mail-Kultur herausgebildet. Gründe dafür sind unter anderem:

- Bei einer E-Mail wird erwartet, dass diese schneller beantwortet wird. Es kommt zu Vereinfachungen und Kurzformen.
- Ich kann mit einer E-Mail unkompliziert viele Menschen erreichen. Der Absender muss seinen Schreibstil „öffnen".
- Wir erhalten viele E-Mails. Es herrscht Informationsflut. Die Formulierungen in den Textbausteinen (zum Beispiel Betreff-Formulierungen) verändern sich.

Das erste Kapitel des Buches dreht sich rund um das Thema E-Mail-Netiquette. Das kann immer nur ein Ist-Stand im Sinne einer Momentaufnahme sein, denn die Schreibkultur im Zusammenhang mit E-Mails ist permanent im Fluss.

Im Zusammenhang mit der E-Mail-Korrespondenz im Geschäftsalltag bzw. im Alltag der öffentlichen Verwaltungen gibt es gegenwärtig (noch) Probleme mit der Rechtssicherheit.

Der Geschäftsbrief mit einer handschriftlichen Unterschrift besitzt eine anerkannte rechtliche Wirkung. Deshalb wird er von vielen Unternehmen und Verwaltungen in diesen Zusammenhängen oft noch bevorzugt. In dem zweiten Kapitel geht es darum, den gegenwärtigen Rechtszustand in Grundzügen darzustellen.

In der E-Mail-Korrespondenz haben sich Besonderheiten bei den wichtigsten Knotenpunkten der Korrespondenz (Betreff, Anrede, Textanfang, Schluss-Satz, Gruß) herausgebildet. Alte gewohnte Textbausteine greifen in der E-Mail nicht mehr oder fallen ganz weg und neue Floskeln entstehen. Diese Thematik wird im dritten Kapitel erörtert.

Darüber hinaus ergibt sich die Frage, ob sich mit der Zeit stilistische Besonderheiten im Zusammenhang mit der E-Mail-Korrespondenz herausgebildet haben. Das ist Gegenstand des vierten Kapitels.

Abschließend wird im fünften Kapitel das Thema „Normen in der E-Mail" aufgegriffen. Wie viel Freiraum hat der Einzelne? Darf in der E-Mail alles kleingeschrieben werden? Welche Abkürzungen sind möglich? Wie soll mit Variantenschreibungen umgegangen werden?

Abgerundet wird das Buch mit einem Ausblick auf sprachliche und rechtliche Entwicklungstrends.

Von folgendem Begriff der geschäftlichen E-Mail gehen wir in diesem Buch aus:

Eine geschäftliche E-Mail ist eine elektronisch versendete Korrespondenz:

Die E-Mail enthält kein Anschriftenfeld bzw. keine Kopfzeile, aber eine Signatur, wo Elemente der traditionellen Briefnorm, wie Bankverbindungen, Geschäftsform usw., integriert werden. E-Mails sind oft mit Telefonaten bzw. Gesprächen verquickt. Aus diesen Gründen ist die Sprache in E-Mails weniger förmlich. In die E-Mail-Korrespondenz fließen deshalb auch Formen der mündlichen Korrespondenz, wie Begrüßungsfloskeln, Kurzsätze usw. ein.

Die E-Mail kann bei Beachtung rechtlicher Rahmenbedingungen rechtsgültig versendet werden. Dies gilt auch für den Bereich der öffentlichen Verwaltung.

Rein private Korrespondenz wird in diesem Ratgeberbuch nicht betrachtet. Private Korrespondenz wird jedoch indirekt berücksichtigt, da Privatpersonen mit Unternehmen bzw. öffentlichen Verwaltungen per E-Mail korrespondieren. Damit wird die sprachliche Wellenlänge in einer Antwort des Unternehmens bzw. der öffentlichen Verwaltung beeinflusst.

In diesem Ratgeberbuch werden keine technischen Hinweise oder Anleitungen im Zusammenhang mit E-Mails gegeben.

Die E-Mail dominiert zurzeit die Korrespondenzwelt. Aber ist es möglich, dass technische Entwicklungen auch die E-Mail irgendwann auf ein Abstellgleis schieben?

Visionen im Zusammenhang mit der Künstlichen Intelligenz (KI) legen nahe, dass zukünftig die Rechner die E-Mails selbstständig schreiben. Das wird sicher eine Möglichkeit sein, Kunden-Anfragen zu beantworten.

Die Autoren sind sich aber sicher, dass es in den Situationen, wo Bewertungen vorgenommen werden, wo ein Ermessen ausgeübt wird und wo es um wertschätzende Kommunikation geht, die KI an Grenzen kommt. In diesen Beispielen ist eine Emotionale Intelligenz und kein Algorithmus gefragt. Hier zählen die sprachlichen Formulierungsfähigkeiten des Einzelnen und das Beachten/Bewerten der geltenden rechtlichen Gegebenheiten sowie der Kommunikationsbeziehungen als die entscheidenden Kriterien für überzeugende Geschäftstexte.

E-Mail-Nettiquette

Sprachliche Freiräume nutzen oder Normen einhalten?

In der papiernen Korrespondenz gibt es einen Leitspruch: „Der Brief ist die Visitenkarte des Unternehmens bzw. der öffentlichen Verwaltung". Diesen Spruch sollten Sie unbedingt auf die E-Mail übertragen. Jeder Text wird direkt oder indirekt durch die Empfänger bewertet.

Mögliche Wirkungen bei Empfängern:

- *„Das ist nicht zu verstehen!"*
- *„Ich weiß immer noch nicht, was die wollen."*
- *„Können die überhaupt Deutsch?"*
- *„Steht da noch etwas „zwischen den Zeilen"?"*
- …

Beachten Sie bitte weiterhin, dass Sie auch innerhalb des eigenen Unternehmens Ihre Visitenkarte abgeben.

Des Weiteren kommt hinzu, dass die E-Mail-Korrespondenz zwingender Bestandteil der Akte/Ablage (elektronisch oder in Papierform) wird (Grundsatz der Aktenwahrheit und Aktenklarheit).

Schreibnormen:

Rechtschreibung und Zeichensetzung sowie Normen der DIN 5008 sind in der E-Mail einzuhalten.

Übung:

Finden Sie in der folgenden E-Mail 5 Fehler?

Guten Tag zusammen,

der Termin unserer Abschluss-Sitzung (ursprünglicher Termin: 1. November 2023, 14 – 16 Uhr) muss verschoben werden.

Neuer Termin: 10. November 2023, von 15 – 17 Uhr.

Bitte informiert mich bis Montag morgen, ob ihr den neuen Termin wahrnehmen könnt. Beachtet bitte, das ich zur Zeit nur vormittags erreichbar bin.

LG Manuela

Lösung:

Guten Tag zusammen,

der Termin unserer Abschluss-Sitzung (ursprünglicher Termin: ***1. November*** *2023, 14 – 16 Uhr) muss verschoben werden.*

Neuer Termin: 10. November 2023, von 15 ***bis*** *17 Uhr.*

Bitte informiert mich bis ***Montagmorgen****, ob ihr den neuen Termin wahrnehmen könnt. Beachtet bitte,* ***dass*** *ich* ***zurzeit*** *nur vormittags erreichbar bin.*

LG Manuela

Gibt es in der E-Mail überhaupt keine normativen Freiräume?

In der E-Mail gelten nicht alle Regeln der DIN 5008. Zum Beispiel ist es nicht sinnvoll, den rechten Textrand zu gestalten. Flattersatz oder Blocksatz – das spielt in der E-Mail-Korrespondenz keine Rolle.

Sie schreiben weiter, bis ein automatischer Umbruch einsetzt. Wie das Bildschirm-Fenster des Empfängers eingestellt ist, wissen wir in der Regel nicht. Zu den Besonderheiten im Zusammenhang mit Normen lesen Sie bitte auf Seite 120 ff. weiter.

Der Sprachstil in E-Mails

Am Anfang des E-Mail-Zeitalters gab es die Tendenz, einen Brief zu verfassen und den Text dann in eine E-Mail zu importieren. Das bedeutete zunächst, ein Brief wird schneller und preiswerter mit Hilfe einer E-Mail zugestellt.

Inzwischen hat sich die Lage grundlegend verändert. Ein neuer Schreibstil hat sich herausgebildet.

In der E-Mail-Korrespondenz geht es weniger formell zu. Vorsätze („Wir freuen uns, Ihnen mitteilen zu können …") sind nicht notwendig und nicht erwünscht. Es geht – zumindest in Texten mit Informationscharakter – oft um Zahlen, Daten und Fakten. Das Wichtige wird mitunter schon im Betreff mitgeteilt. Ein Öffnen der E-Mail ist dann ggf. entbehrlich.

In diesem Zusammenhang kommt es zur Verwendung von Kurzformen wie zum Beispiel „Info" statt „Information" oder zu Kurzsätzen ohne Verb.

> *Beispiele:*
>
> *Zwei Mitarbeiter haben gerade telefonisch einiges besprochen. Der eine lässt das Gesprächsergebnis in folgender E-Mail „gerinnen":*
>
> *Hallo Manfred,*
>
> *wie gerade telefonisch besprochen, sende ich dir die Dokumente XY zur Information.*

Liebe Grüße Torsten

Noch kürzer:

Hallo Manfred,

anbei die Dokumente XY zur Info.

LG Torsten

Noch kürzer:

Betreff: Anbei die Dokumente zur Info

end of message (oder auf Deutsch: Ende der Nachricht)

Die Dokumente sind an die E-Mail angehängt. Der Empfänger kann diese problemlos speichern, bearbeiten und evtl. weiterleiten oder zurücksenden. Damit ist die E-Mail in vielen Fällen zu einem kurzen informellen Anschreiben geworden.

Kurzsprache:

Wenn die E-Mails vorwiegend dem Informationsaustausch dienen, tendieren die Nutzer zu kurzen Sätzen und Kurzwörtern.

Die E-Mail-Korrespondenz erfordert im Gegensatz zur papiernen Korrespondenz eine viel größere Individualität. Das betrifft zum Beispiel die Anredeformen, die in der papiernen Korrespondenz in der Regel standardisiert sind.

Beispiele:

Ein Kunde schreibt in der Reklamation:

„Sehr geehrtes Serviceteam,"

Antwort: „Sehr geehrter Herr Muster,"

Ein anderer Kunde schreibt in seiner Reklamation:

„Hallo Serviceteam,"

Antwort: „Hallo, Herr Muster,".

Selbstverständlich übernehmen Sie nicht jeden Unfug, aber Sie haben die Chance, sich viel mehr auf den Empfänger sprachlich einzustellen. Zu weiteren Anredeformen lesen Sie bitte auf Seite 56 ff.

Individuelles schreiben:

Die E-Mail-Korrespondenz erfordert mehr Individualität. Das heißt, Sie sollten vielmehr auf die sprachliche Wellenlänge des Empfängers eingehen. Das betrifft auch das Sprachniveau des Empfängerkreises (Leichte und/oder Einfache Sprache – Seite 107 ff.)

Bei aller Sachlichkeit und Konzentration auf das Wichtige ist in der E-Mail-Sprache eine verstärkte Emotionalität und Wertschätzung zu spüren. Das betrifft insbesondere den Schluss-Satz einer E-Mail.

Der Schlussgedanke „Bei Fragen rufen Sie mich bitte an." tritt in der E-Mail eher in den Hintergrund. Der Leser sieht unmittelbar nach dem Schluss-Satz die Signatur. Hier sind Ihre Kommunikationsverbindungen angegeben. Wenn jemand eine Frage hat, dann wird er sicher einen geeigneten Weg finden.

Es besteht eine starke Tendenz, den Schluss-Satz wertschätzend zu formulieren, um damit die Beziehungsebene zu gestalten (– wenn auch nicht primär im hoheitlich öffentlich-rechtlichen Bereich).

Beispiele:

Ausdruck für eine verstärkte Emotionalität sind vor allem Schlussformulierungen.

- *Vielen Dank.*
- *Vielen Dank für Ihre Unterstützung.*
- *Viel Erfolg bei Ihrer Fahrprüfung.*
- *Schönes Wochenende.*
- *Schönen Urlaub.*
- *usw.*

Der letzte Eindruck bleibt ... in Erinnerung:

Mit Wertschätzung im Schluss-Satz stärken Sie die Beziehungsebene und die Nachhaltigkeit der E-Mail.

Selbstverständlich gehören in den Schreibstil der E-Mail keine verstaubten bzw. bürokratischen Formulierungen. Sie schreiben zu Ihren Empfängern am besten respektvoll auf Augenhöhe.

Das bedeutet einerseits, dass Sie verstaubte (zum Teil untertänige) Formulierungen weglassen oder ersetzen.

Beispiele:

Folgende 5 Formulierungen vermeiden Sie unbedingt:

- *gestatten Sie mir*
  - *weglassen*
- *ich erlaube mir*
  - *weglassen*

- *unterzeichnen*
  - *unterschreiben*
- *zur Verfügung stehen*
  - *anrufen, beraten, ansprechen, …*
- *verbleiben*
  - *weglassen*

Das bedeutet andererseits, dass Sie in einer E-Mail-Sprache bürokratische Wendungen aus der Amtssprache vermeiden bzw. ersetzen. Stellen Sie Vorsilben auf den Prüfstand, ob diese einen Mehrwert für die Kommunikation bringen.

Weitere Beispiele:

Nachfolgende Formulierungen sollten Sie unbedingt vermeiden:

- *bezugnehmend,*
  - *wie gestern vereinbart; …*
- *in Bezug auf*
  - *vielen Dank für …*
- *beiliegend/beigefügt*
  - *Sie erhalten (als Anhang) …*
- *zwecks Terminvereinbarung*
  - *bitte vereinbaren Sie …*
- *Rückfragen*
  - *Fragen*
- *Rückmeldung*

- *Information, Einschätzung, Feedback, …*
- *übersenden*
- *senden*

Das Wort „anbei“ (Kurzform für beiliegend) hat sich in der E-Mail-Korrespondenz etabliert – trotz der bürokratischen Herkunft. Der Vorteil für die Nutzer liegt in der Kürze. Beispiel Kurzsatz: „Anbei das Protokoll.“

Zeitgemäßer Schreibstil bedeutet:

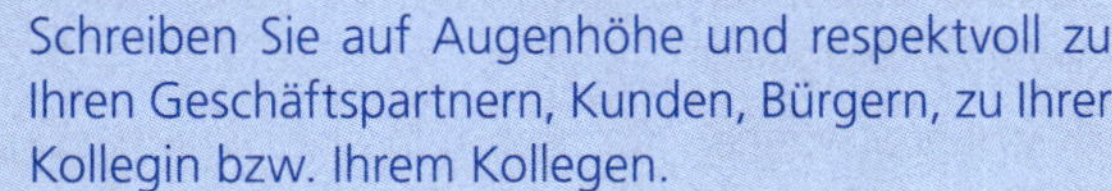

Schreiben Sie auf Augenhöhe und respektvoll zu Ihren Geschäftspartnern, Kunden, Bürgern, zu Ihrer Kollegin bzw. Ihrem Kollegen.

Umgang mit Antwortzeiten – Transparenz sichern

Die E-Mail-Korrespondenz hat die Kommunikation enorm beschleunigt. Während wir beim papiernen Brief auf den Transport durch die Deutsche Post oder einem anderen Dienstleister angewiesen sind, ist die E-Mail praktisch zeitgleich nach dem Senden beim Empfänger.

Bei einem papiernen Brief gilt eine Antwortzeit von 14 Tagen. Das bedeutet, der Empfänger sollte spätestens nach 14 Tagen eine Antwort erhalten. Wenn das nicht möglich ist, wird am besten eine Zwischennachricht geschrieben. Diese Zeitspanne ist bei einer E-Mail viel zu lang. Die Empfänger erwarten von einem Dienstleister (und nicht nur von dem) schnelle Antworten, am liebsten gleich in den nächsten Minuten.

Es ist unstrittig, dass bestimmte technische Servicebereiche rund um die Uhr (jederzeit) erreichbar sein müssen. Darüber hinaus gibt es den normalen Arbeitsalltag der Sachbearbeiterinnen und Sachbearbeiter, die nicht jederzeit erreichbar sein können.

> ***Beispiel: Festlegung der Antwortzeiten:***
>
> *In einem Stadtwerk, welches für die Versorgung mit Energie bzw. Wasser zuständig ist, wurden die Antwortzeiten wie folgt festgelegt:*
>
> *Mitarbeiter können für einen Tag verhindert sein, zum Beispiel wegen eines Vor-Ort-Termins, einer Dienstreise, eines Seminars, eines Urlaubtages, ... Wenn an diesem Tag morgens um 8 Uhr eine E-Mail eintrifft, kann diese nicht bearbeitet werden.*
>
> *Nach 24 Stunden (nächster Tag) ist der entsprechende Mitarbeiter wieder am Platz. Jetzt hat er 8 Stunden Zeit, diese E-Mail zu beantworten. Wenn das nicht möglich ist, dann wird eine Zwischennachricht versendet.*
>
> *Daraus ergibt sich ein Antwortzeit von 32 Stunden. Das Wochenende bleibt dabei ausgeklammert.*

Wie schnell Sie reagieren wollen und können, hängt natürlich von der Unternehmensspezifik ab. Auch innerhalb eines Unternehmens kann es unterschiedliche Anforderungen geben. Die Rechnungsabteilung muss vielleicht schneller reagieren als die Personalabteilung.

Viele öffentliche Verwaltungen verstehen sich heute als Dienstleister für die Bürger. Wenn dem so ist, dann ist eine schnelle Antwortzeit auch hier ein unbedingtes Muss. Selbstverständlich kann nicht alles in einer halben Stunde erledigt sein. Aber die Bürger erwarten Verlässlichkeit, dass ihre E-Mail angekommen ist und jetzt in einer bestimmten absehbaren Zeit beantwortet wird.

Wichtig ist darüber hinaus, einen allgemeinen Text für die Zwischennachricht festzulegen. Wenn Sie das jedem Einzelnen überlassen, kann es sein, dass lustige Texte entstehen, die aber nicht unbedingt imagefördernd für das Unternehmen bzw. die Verwaltung sind.

> ***Vorschlag Zwischennachricht:***
>
> *Guten Tag,*
>
> *vielen Dank für Ihre Nachricht.*
>
> *Das Klären Ihres Anliegens wird noch ein wenig Zeit in Anspruch nehmen. Deshalb bitte ich (bitten wir) Sie um Geduld.*
>
> *Ich werde (Wir werden) Sie zeitnah (in der nächsten Woche, innerhalb einer Woche, …) informieren.*
>
> *Freundliche Grüße,*
>
> *Signatur*

Das Wort „zeitnah" ist in vielen Texten nicht konkret genug und lässt viel zu viel Interpretationsspielraum zu. In der obigen Zwischennachricht ist dieses Wort jedoch eine diplomatische Alternative, da Sie in der Regel keinen konkreten Termin nennen können.

Festgelegte Antwortzeiten:

Definieren Sie für Ihr Unternehmen bzw. Ihre öffentliche Verwaltung Antwortzeiten und legen Sie einen Text für eine Zwischennachricht fest.

Erreichbarkeit sichern

In einer Dienstleistungsgesellschaft ist die Erreichbarkeit von Unternehmen bzw. Öffentlichen Verwaltungen und damit von den dort arbeitenden Personen ein unbedingtes Muss. Wir ärgern uns, wenn wir in einer Telefon-Warteschleife „gefangen" sind.

Auch in der E-Mail-Korrespondenz brauchen die Kunden/Bürger bzw. Geschäftspartner die Gewissheit, dass die Korrespondenz nicht ins Leere läuft.

Es ist nicht umsetzbar, dass jeder immer erreichbar ist. Es muss jedoch für den anderen ein Weg aufgezeigt werden, wie die Kommunikation fortgesetzt werden kann. In diesem Zusammenhang ist eine Abwesenheitsnotiz einzusetzen. Dabei müssen zwei Sachverhalte geklärt werden:

1. Ab wann ist der Ansprechpartner wieder zu erreichen?
2. Wird die E-Mail weitergeleitet oder nicht? Wenn ja, an wen?

Beispiele für Abwesenheitsnotiz:

1. Mit Weiterleitung

Guten Tag,

vielen Dank für Ihre E-Mail.

Ihre E-Mail wird automatisch an unseren Service (Tel.: 0123 456789) weitergeleitet.

Ich werde mich ab … wieder persönlich um Ihr Anliegen kümmern.

Freundliche Grüße,

Signatur

2. Ohne Weiterleitung

Guten Tag,

vielen Dank für Ihre E-Mail.

Ich werde mich ab … wieder um Ihre Anliegen kümmern.

***Bitte beachten Sie:** Ihre E-Mail wird nicht weitergeleitet.*

In dringenden Fällen wenden Sie sich bitte an:

Sabine Muster

Telefon: 0123 456789

sabin.muster@musterwerk.de

Vielen Dank.

Freundliche Grüße,

Signatur

Wann (in welcher Zeitspanne) Sie eine Abwesenheitsnotiz einstellen, klären Sie im Zusammenhang mit dem Einsatz der Zwischennachricht. Zum Beispiel kann eine Abwesenheitsnotiz eingestellt werden, wenn Sie mehr als zwei Tage abwesend sind. Beachten Sie bitte auch Vorgaben Ihres Unternehmens bzw. Ihrer Verwaltung.

Diese Festlegungen über Zwischennachricht und Abwesenheitsnotiz hängen von Ihrem Aufgabenbereich ab. Wie viel

Kundenkontakt bzw. Bürgerkontakt haben Sie? Wie dringend müssen Sie erreichbar sein? …

Bereitschaft signalisieren:

Mit einer Zwischennachricht und einer Abwesenheitsnotiz sichern Sie Ihre Erreichbarkeit. Für die Kunden/Bürger bzw. Geschäftspartner signalisieren Sie Servicebereitschaft und Transparenz.

Weiterleiten von E-Mails

Die Verteilung von Korrespondenz an die entsprechenden Stellen ist durch die Digitalisierung sehr einfach geworden. Ein Klick und dem zuständigen Mitarbeiter liegt die E-Mail zum Beantworten vor. Das geht schnell und ist effektiv.

Mit dieser Handhabung sind aber auch Problemfelder verbunden.

Mitunter werden E-Mails „unendlich" weitergeleitet. Dazwischen wird die eine oder andere E-Mail beantwortet. Es entstehen E-Mail-Ketten.

WG:WG:AW:AW: …

Die Teilnehmenden an dieser E-Mail-Korrespondenz verlieren schnell den Überblick. Der Einzelne muss vielleicht umständlich zurückscrollen, um zu erfahren, worum es eigentlich ging.

Wenn das Thema variiert oder sich sehr groß ändert, wird das Wirrwarr unter Umständen komplett. Darüber hinaus gibt es Probleme mit der Archivierung der E-Mails.

Neue E-Mail:

Wenn das Thema geändert wird, unterbrechen Sie bitte unbedingt die E-Mail-Kette. Sie beginnen dann mit einem neuen Betreff.

Das Weiterleiten von E-Mails birgt auch einige Gefahren.

Beispiel E-Mail-Kette:

E-Mail 1

Ein Kunde beschwert sich.

E-Mail 2

Ein Sachbearbeiter, der nicht zuständig ist, leitet diese E-Mail mit einem Kommentar weiter an den Zuständigen.

„Dieser Idiot versteht das nie!!!"

Der Zuständige leitet das Ganze an die Rechtsabteilung mit dem Kommentar weiter.

„Bitte mal den juristischen Laien aufklären ;-)."

Die juristische Abteilung schreibt eine sachliche und verständliche Antwort an den Kunden, ohne neu zu beginnen.

Das bedeutet, der Kunde liest alle Kommentare der Beteiligten und schreibt wahrscheinlich die nächste Beschwerde.

Diskretion:

Wenn Sie schlussendlich antworten, achten Sie bitte darauf, dass keine Interna weitergegeben werden.

Weiterleiten und Datenschutz

Dazu ist zunächst einmal festzustellen, dass das Bundesverfassungsgericht bereits in seinen Entscheidungen im Band 65 Seite 1 ff. das Recht auf die so genannte *„informationelle Selbstbestimmung"* des Einzelnen – also den Schutz personenbezogener Daten – und im Band 67 Seite 100 ff. *„die Betriebs- und Geschäftsgeheimnisse"* von Unternehmen, etc. anerkannt hat.

Dieser Schutz umfasst bei natürlichen Personen die Person selbst, seine Identifizierung und/oder den auf ihn bezogenen Sachverhalt (zum Beispiel zu schnelles Fahren im Stadtverkehr); während die Unternehmensgeheimnisse zweigeteilt werden in die Betriebsgeheimnisse = vornehmlich technisches Wissen im weitesten Sinne und Geschäftsgeheimnisse = in der Regel kaufmännisches Wissen.

Dieser Schutz wird in unzähligen – einfach-gesetzlichen – Vorschriften wiederholt und vertieft; zum Beispiel in den Datenschutzgesetzen des Bundes und der Länder, den Informationsfreiheitsgesetzen des Bundes und der Länder, den Verwaltungsverfahrensgesetzen des Bundes und der Länder, etc.

Datenschutz mit Augenmaß:

Dies bedeutet nicht etwa den absoluten Schutz von personenbezogenen Daten und/oder von Betriebs- und Geschäftsgeheimnissen! Der Gesetzgeber spricht davon, dass derartige Daten *„nicht unbefugt offenbart werden dürfen"* (vgl. zum Beispiel § 3b VwVfG NRW). Liegt also zum Beispiel eine Einwilligung – ausdrücklich oder konkludent – vor, so kann in der Weitergabe kein *„unbefugtes"* Handeln liegen.

Datenschutz mit Augenmaß (Fortführung):

Des Weiteren beachten Sie, in welchem Bereich Sie tätig sind:

- Gelten für Ihren Bereich weitere datenschutzrechtliche Vorgaben; ggf. spezialgesetzliche Vorgaben (wie zum Beispiel im Gesundheits- und/oder Sozial-Bereich)?
- Wenn ja, was ist das Ziel dieser Regelung?
- Wer ist Adressat dieser Vorschrift? Sind Sie bzw. Ihr Bereich davon überhaupt betroffen (vgl. weiter unten: rechtliche Aspekte der E-Mail; die DSGVO gilt zum Beispiel nur für den Schutz natürlicher Personen)?
- Wie weit geht der Schutz?

Der Datenschutz wird vielfach als Totschlagsargument benutzt, um ein Tätigwerden abzulehnen. Dies ist nicht überzeugend. Es bedarf immer einer Überprüfung im Einzelfall.

Verteilerkreis von E-Mails

In der papiernen Korrespondenz gab und gibt es in der Regel einen definierten Verteilerkreis. Das bedeutet: Die entsprechenden Kopien wurden/werden gefertigt und über die Hauspost oder über den Postweg zugestellt.

In der E-Mail-Korrespondenz ist alles scheinbar einfach und unkompliziert geworden. Im Extremfall bekommen alle alles.

Das führt unweigerlich zu einer Informationsflut. Die einzelnen E-Mails werden unter Umständen nicht mehr wahrgenommen. Das Setzen von Prioritäten ist erschwert.

Zunächst ist eine klare Unterscheidung notwendig:

Unterteilung der Adressaten:

Wer die E-Mail lesen **muss (= Priorität 1)**, darf nicht unter „cc" aufgeführt werden, sondern muss im Empfängerkreis stehen.

Unter „cc" werden Personen angeschrieben, die die E-Mail zur Information erhalten. Damit Sie über stattfindende Prozesse Bescheid wissen. Diese Personen entscheiden eigenverantwortlich, wann und ob Sie die E-Mail öffnen. **(= Priorität 2)**

Aus Gründen des Datenschutzes ist heute zu klären, ob der einzelne Empfänger sehen darf, wer noch die E-Mail bekommen hat.

Innerhalb eines Unternehmens darf der Empfängerkreis sichtbar sein. Wenn aber Externe dabei sind, gibt es zwei Möglichkeiten.

Erstens: Falls erforderlich, sichern Sie durch eine Unterschrift bzw. Einverständnis ab, dass die E-Mail an alle Beteiligten unter Nennung aller Beteiligten veröffentlicht werden kann, wobei das Einverständnis nicht zwingend schriftlich erfolgt sein muss. Es kommt jedoch immer auf den Einzelfall an.

Zweitens: Sie halten den restlichen Empfängerkreis durch die Funktion „bcc" (Blindkopie) verdeckt.

Datenrechtliche Bestimmungen:

Klären Sie für Ihren Anlass die datenrechtlichen Bestimmungen für das Versenden innerhalb eines Verteilerkreises.

Auf den Punkt gebracht

E-Mail-Korrespondenz rund um das Unternehmen bzw. die Behörde ist **Geschäftskorrespondenz**. Deshalb gelten grundlegende Regeln der DIN 5008 und die aktuelle Rechtschreibung.

Die Sprache in E-Mails verändert sich in Richtung Individualität, Kurzsprache und wertschätzende Sprache. Grundsätzlich bleibt: Korrespondieren Sie auf Augenhöhe und respektvoll.

Es ist notwendig, für jedes Unternehmen bzw. für jede Behörde individuell den Umgang mit E-Mails zu definieren: Antwortzeiten, Erreichbarkeit, Weiterleiten und Verteilen von E-Mails.

Darüber hinaus klären Sie, ob in dem Bereich, in dem Sie tätig sind, spezielle rechtliche Vorschriften (Datenschutz, Wahrung von Betriebsgeheimnissen) gelten, die das Versenden und Weiterleiten von E-Mails betreffen.

Rechtliche Aspekte der E-Mail

Allgemeine Überlegungen

Grundlegend müssen bei einer Korrespondenz per E-Mail zunächst **drei Bereiche** unterschieden werden:

- Die **rein private (persönliche) E-Mail**
  - Zum Beispiel: A schreibt seiner Freundin B eine Nachricht.
- Die **rechtsgeschäftliche E-Mail**
  - Zum Beispiel: C schreibt seinem Rechtsanwalt D, der Verwalter einer Wohnungseigentümergemeinschaft lädt zur nächsten Eigentümerversammlung ein, die Stadt E kauft einen Dienstwagen für den städtischen Fuhrpark, der Kunde F bestellt bei einem Unternehmen einen Bademantel, …
- Die E-Mail im rein **öffentlich-rechtlich geprägten Bereich**
  - Zum Beispiel: Der Vorsitzende der Gemeindevertretung G lädt zur nächsten ordentlichen Sitzung ein; die Behörde H will an den Bürger einen Bescheid auf elektronischem Weg bekannt geben.

!

Grundzüge des Rechts:

Es ist außerordentlich wichtig, sich darüber im Klaren zu sein, auf welchem Gebiet Sie sich gerade bewegen. Dabei können in den nachfolgenden Ausführungen nur die Grundzüge des rechtlich Zulässigen dargestellt werden.

Übersicht über die bisherige Rechtsprechung – vom Telegramm zur heutigen E-Mail

Ein **Telegramm** (obwohl nicht mit eigener Unterschrift versehen) wurde seit der Entscheidung des Reichsgerichts in RGZ 139, S. 45 ff. als rechtswirksame schriftliche Erklärung des Absenders anerkannt. Ab dem 2. Januar 2023 (!) hat die Deutsche Post den Telegrammdienst eingestellt.

Ein **Fernschreiben** (obwohl ebenfalls nicht mit eigenhändiger Unterschrift versehen) wurde/wird seit der Entscheidung des Bundesgerichtshofs im Jahre 1966 (BGH in NJW 1966, S. 1077 ff.) als rechtswirksame schriftliche Erklärung angesehen.

Ebenso wird ein – mit eigenhändiger Unterschrift versehenes – **Telefax** seit der Entscheidung des Bundesgerichtshofs in NJW 1993, S. 3141 ff. als rechtswirksame schriftliche Erklärung gewertet. Eine Übersendung *„vorab per Telefax"* (wie es leider noch immer vorgefunden wird) ist damit überflüssig und zudem rechtlich problematisch: Übersenden Sie etwas „vorab per Telefax", so geben Sie bekannt, dass das eigentliche Schreiben noch folgen soll. Dann taucht bei einzuhaltenden Fristen die Frage auf, mit welchem der beiden Schreiben denn nun die Frist eingehalten ist.

Eine **Textdatei mit eingescannter Unterschrift** stellt seit der Entscheidung des Gemeinsamen Senats der Obergerichte in der Bundesrepublik Deutschland im Jahre 2000 (NJW 2000, S. 2340 ff.) ebenfalls eine rechtswirksame schriftliche Erklärung dar.

Diese Rechtsprechung hat das Bundesverwaltungsgericht in seinem Urteil vom 7.12.2016 Az. 6 C 12/15 bestätigt, wenn ein elektronisches Dokument mit einer qualifizierten elektronischen Signatur versehen ist.

Keine schriftliche Erklärung:

Eine einfache E-Mail, die also nicht mit einer eigenhändigen Unterschrift versehen ist, wird in der Regel von der bisherigen Rechtsprechung nicht als rechtswirksame schriftliche Erklärung angesehen.

Nach der ständigen obergerichtlichen Rechtsprechung ist weiter davon auszugehen, dass die Bekanntgabe eines E-Mail-Accounts durch eine Privat-Person auf ihrem Briefbogen keine Zugangseröffnung darstellt. Damit gestattet er nach dieser Rechtsprechung nicht die E-Mail-Korrespondenz.

Beispiel: Von Privatperson an Firma/Behörde:

Ein Kunde/Bürger schreibt einen Brief an ein Unternehmen oder an eine Behörde und gibt auf dem Briefbogen seine E-Mail-Adresse bekannt. Damit gestattet er – nach dieser die Verfasser nicht überzeugenden Rechtsprechung – nicht automatisch, dass er über diese Adresse angeschrieben werden darf/will.

Etwas anderes gilt jedoch für **geschäftliche Nutzer** (wie Ärzte, Rechtsanwälte, Stadtwerke, Wohnungsunternehmen, Handwerksbetriebe etc.) und öffentliche Stellen, wenn diese ihre elektronische Adresse auf ihrem Briefkopf angeben (BGH Urteil vom 07.07.2016 Az. 1 ZR 30/15).

Beispiel: Von Geschäft zu Privatperson:

Ein Arzt schreibt einen Brief an seinen Patienten und gibt auf dem Briefbogen seine E-Mail-Adresse bekannt. Damit gestattet er, dass er über diese Adresse angeschrieben werden darf/will.

„Zugangs"-Eröffnung:

Nur im rechtsgeschäftlichen Verkehr liegt nach der – aufgezeigten – bisherigen Rechtsprechung eine „Zugangs"-Eröffnung vor, wenn eine E-Mail-Adresse bekannt gegeben wird.

Diese Differenzierung geschäftlicher Nutzer – Privat-Person wird nun vom BGH in einer neueren Entscheidung vom 6.10.2022 Az. VII ZR 895/21 erneut beibehalten. „Wird eine E-Mail im unternehmerischen Geschäftsverkehr innerhalb der üblichen Geschäftszeiten auf dem Mail-Server des Empfängers abrufbereit zur Verfügung gestellt, ist diese E-Mail dem Empfänger grundsätzlich in diesem Zeitpunkt „zugegangen" i. S. d. § 130 BGB. Dass diese E-Mail tatsächlich abgerufen und zur Kenntnis genommen wird, ist für den Zugang beim Empfänger nicht erforderlich."

Mit der Veröffentlichung der E-Mail-Adresse im geschäftlichen Verkehr hat der Empfänger – so der BGH weiter und wiederholend – zum Ausdruck gebracht, Rechtsgeschäfte in dieser Form abzuschließen; die E-Mail ist also „als in seinem Machtbereich zugegangen" anzusehen. Denn der geschäftliche Empfänger ist in der Lage, die E-Mail abzurufen.

Offen bleibt weiterhin die Frage, ob diese Grundsätze für den geschäftlichen E-Mail-Verkehr auch außerhalb der üblichen Geschäftszeiten gelten. Darüber hinaus sind nach dieser Entscheidung des BGH diese Grundsätze (weiterhin) auf die Privat-Person nicht anwendbar (obwohl dieser Schutz der Privat-Person nach Ansicht der Verfasser nicht überzeugend ist; denn auch die Privat-Person gibt seine E-Mail-Adresse bekannt und ist in der Lage, in angemessener Zeit seine E-Mail abzurufen).

Entwicklung im gesetzlich geregelten Signatur-Bereich

Das Signaturgesetz in Verbindung mit der Signaturverordnung legte auf Bundesebene die Anforderungen an die elektronischen Signaturen – und damit an die Wirksamkeit elektronischer Kommunikation auch in Form der E-Mail-Korrespondenz – ergänzend fest. Zweck dieses Gesetzes war es, die Rahmenbedingungen für eine elektronische Signatur zu schaffen und damit für eine Zuordnung einer Signatur bzw. eines Signaturschlüssels zu einer natürlichen Person und deren Identität.

Diese Vorschriften wurden abgelöst durch die EU-Verordnung über elektronische Identifizierung und Vertrauensdienste für elektronische Transaktionen im Binnenmarkt (eIDAS-VO) vom 23.7.2017 und das Vertrauensdienstegesetz des Bundes vom 18.7.2017 (VDG); in Kraft getreten am 29.7.2017, ergänzt durch VO vom 15.2.2019 (VDV).

Definitionen:

Es wird unterschieden unter anderem zwischen

- *„einfachen elektronischen Signaturen= EES": Daten in elektronischer Form, die in anderen elektronischen Dokumenten beigefügt oder mit ihnen verknüpft sind, und zur Authentifizierung dienen;*
- *„fortgeschrittenen elektronischen Signaturen = FES": Daten in elektronischer Form, die über die elektronischen Signaturen hinaus eine Authentifizierung sicherstellen; und*
- *„qualifizierten elektronischen Signaturen = QES": Daten in elektronischer Form, die über die fortgeschrittenen*

Signaturen hinaus auf einem „gültigen Zertifikat" beruhen und mit einer „sicheren Signaturerstellungseinheit" erzeugt werden.

Anpassung der Vorschriften/Vorgaben:

Beim Umgang mit den signatur-rechtlichen Vorschriften/Vorgaben ist also zu beachten, dass die in Ihrem jeweiligen Bereich ggf. verabschiedeten und anzuwendenden Vorschriften/Vorgaben mit den nun geltenden neuen gesetzlichen Grundlagen unter anderem eIDAS und des VDG/VDV übereinstimmen müssen; eventuell sind sie anzupassen.

Rein private E-Mail

Bei der rein privaten E-Mail unterliegt der Verfasser/der Empfänger keinen weitergehenden zusätzlich zu beachtenden Vorschriften als im normalen alltäglichen Leben. Selbstverständlich gilt auch bei einer E-Mail, dass das – vertraulich – gesandte „Wort" vertraulich zu behandeln ist.

Auch E-Mails enthalten in der Regel personenbezogene Daten im Sinne des Datenschutzrechts. Darüber hinaus kommt die Wahrung von Betriebs- und Geschäftsgeheimnissen in Betracht. Es gilt somit auch hier das E-Mail-Geheimnis im Sinne des althergebrachten Briefgeheimnisses nach § 202 StGB zu wahren; ebenso wenig darf der Verfasser einer E-Mail den Empfänger beleidigen oder aber zu Straftaten aufrufen etc.; oder sich unbefugt Zugang zu gesicherten Daten verschaffen (§§ 202a ff. StGB).

Weiter ist zu beachten, dass eine Person auch bei der rein privaten E-Mail ihre „private Visitenkarte" abgibt. Die in Art. 2 Abs. 1 GG garantierte so genannte *„freie Entfaltung der Persönlichkeit"* unterliegt auch und gerade in der E-Mail-Korrespondenz wegen seiner Schnelllebigkeit den Schranken und Grenzen der allgemeinen Gesetze.

Empfehlung: Für die E-Mail-Korrespondenz gilt wie für alle Korrespondenz, dass zunächst gedacht und dann gehandelt werden sollte. Das heißt, bevor Sie auf „Senden" drücken, sollten Sie überlegen, ob Sie den Rahmen der allgemeingültigen Gesetze überschreiten.

Rechtsgeschäftliche E-Mail

Die rechtsgeschäftliche E-Mail (zum Beispiel zwischen Kunden und Unternehmen: Übersendung eines Protokolls über eine Bauabnahme, Reklamation an eine Firma etc.), aber auch die E-Mail im öffentlich-rechtlich geprägten Handlungs-Bereich (zum Beispiel Abmahnung an ein ausführendes Straßenbauunternehmen, Kündigung eines städtischen Musik-Abonnements etc.) unterliegt zusätzlich besonderen Rahmenbedingungen.

Erstens: Wenn eine Vorschrift erlassen wurde, wonach erkennbar nur *„schriftlich"* (= in Papierform) gehandelt werden darf, so ist es unzulässig, per E-Mail zu handeln (vgl. dazu auch die Beispiele unten).

Zweitens: Darf eine elektronische Bekanntgabe, ausschließlich mit einer *„qualifizierten Signatur"* versehen bzw. abgesandt werden, so genügt eine einfache E-Mail-Signatur nicht.

Empfehlung: Der Gesetzgeber hat auf Europa-, Bundes-, Landes- und Ortsebene zahlreiche Vorschriften erlassen. Diese können und müssen Sie nicht alle aufzählen können; aber Sie müssen diese Vorschriften zumindest im Auge behalten. Einige grundlegende Vorschriften werden in diesem Buch aufgezeigt.

Privat-rechtliche Grundlagen

Im Folgenden werden einige grundlegende Normen aufgezeigt.

§§ 126 ff. BGB

Willenserklärungen im zivilrechtlichen Bereich sind grundsätzlich auch dann wirksam, wenn sie nur mündlich abgegeben werden. Schweigen gilt rechtlich jedoch weiterhin als „nullum". Werden Sie also aufgefordert, unmittelbar auf eine E-Mail zu reagieren, *„ansonsten wird das Einverständnis mit dem Inhalt unterstellt"* – so der Verfasser der E-Mail –, so ist dieses Ansinnen rechtlich weiterhin unerheblich und folglich ist Ihr Schweigen kein Einverständnis.

> ***Beispiel Protokoll:***
>
> *Sie erhalten per E-Mail von der letzten Elternversammlung Ihres Kindes ein Protokoll mit folgendem Hinweis: „Wenn Sie innerhalb von 14 Tagen keine Einwendungen haben, gilt das Protokoll als angenommen." Dies ist rechtlich nicht zulässig, außer diese Wirkung ist gesetzlich oder untergesetzlich so geregelt.*

Für den privat-rechtlichen Bereich gilt weiterhin gemäß § 126 Abs. 1 BGB Folgendes:

„Ist durch Gesetz eine schriftliche Form" der Erklärung vorgeschrieben, so kann dies (von Ausnahmen abgesehen) nur dadurch geschehen, dass *„die Urkunde von dem Aussteller eigenhändig durch Namensunterschrift unterzeichnet wird"*; sie darf also nicht nur eine so genannte Paraphe (Namenskürzel) sein.

Schreibt also das Gesetz zum Beispiel in § 568 Abs. 1 BGB vor, dass *„die Kündigung des Mietverhältnisses der Schriftform bedarf"*, so muss die Kündigung – soll diese rechtswirksam sein – schriftlich mit Unterschrift erfolgen. Ebenso muss gemäß § 623 BGB ein Arbeitsvertrag *„schriftlich"* gekündigt werden; dabei ist sogar kraft Gesetzes die *„elektronische Form der Kündigung ausgeschlossen."*

Für die Praxis bedeutet dies, dass viele Verträge nach wie vor am besten mit einem Brief (Schriftform) – eigenhändig unterschrieben – gekündigt werden. So sind Sie auf der sicheren Seite.

Erforderliche Unterschrift:

Kommt es auf die „Unterzeichnung" an, so ist eine eigenhändige Unterschrift erforderlich. Diese „Unter"-Schrift muss zudem immer den Abschluss der Erklärung darstellen.

In welcher Situation können Sie per E-Mail rechtswirksam handeln?

Gemäß § 126 Abs. 3 BGB kann diese – vom Gesetz vorgesehene – schriftliche Unterzeichnungs-Form durch eine *„elek-*

tronische Form ersetzt werden." Dies ist jedoch gem. § 126 a Abs. 1 BGB grundsätzlich nur durch *„ein elektronisches Dokument mit einer qualifizierten elektronischen Signatur nach dem Signaturgesetz"* möglich.

Dies gilt gemäß § 127 Abs. 1 BGB auch dann, wenn nur durch *„Rechtsgeschäft"* – also zum Beispiel durch Kaufvertrag – die Schriftform vorgeschrieben ist. Auch hier geht der Gesetzgeber dem Grunde nach davon aus, dass nur eine *„qualifizierte elektronische Signatur"* rechtsverbindlich ist.

Das heißt, schreibt ein Kaufvertrag über ein Kfz die *„Schriftform"* der Kündigung vor, so können Sie dem Grunde nach nur mit einer Unterschrift im klassischen Sinne oder mit einer *„qualifizierten elektronischen Signatur"* diesen Kaufvertrag kündigen, nicht jedoch mit einfacher E-Mail.

Hier ist nun zu beachten, dass der Gesetzgeber eine Erleichterung vornimmt: Gemäß § 127 Abs. 2 BGB genügt bei einer nur durch *„Rechtsgeschäft"* bestimmten *„Schriftform"* die *„telekommunikative Übermittlung"* des Schriftstücks; bei einem Vertrag der *„telekommunikative Briefwechsel."*

Bezogen auf das vorherige Beispiel: Der Kaufvertrag ist ein *„Rechtsgeschäft"*, so dass es keiner handschriftlichen Kündigung bedürfte also eine einfache E-Mail ausreichend wäre.

Dieses Ergebnis steht allerdings unter der Einschränkung, dass erkennbar ist, dass die Beteiligten des Rechtsgeschäfts dies gerade nicht wollten. Wird also in den Allgemeinen Geschäftsbedingungen – somit per *„Rechtsgeschäft"* – eines Autohauses festgelegt, dass eine Kündigung nicht per (einfacher) telekommunikativer Übermittlung erfolgen kann, so genügt eine einfache E-Mail-Kündigung den rechtlichen Erfordernissen somit weiterhin nicht.

Der Gesetzgeber eröffnet eine zusätzliche Variante: Wenn nicht durch *„Gesetz"*, jedoch durch *„Rechtsgeschäft"* die *„elektronische Form"* als verbindlich angesehen wird, so genügt – wenn nicht ein anderer Wille anzunehmen ist – eine andere als die in § 126 a Abs. 1 BGB genannte *„qualifizierte elektronische Signatur"*. Das heißt, eine *„einfache elektronische Signatur"* zur Abgabe von rechtsverbindlichen Erklärungen ist dann ausreichend.

Wird also in einem Kaufvertrag vereinbart, dass eine Kündigung elektronisch möglich ist, und wird aus den Umständen nicht ersichtlich, dass damit nicht die *„qualifizierte elektronische Signatur"* gemeint ist, so reicht eine einfache E-Mail mit einfacher Signatur aus.

Bei der Frage, welche Form erforderlich ist, ist also zu differenzieren, ob die Schriftform vorgegeben ist

- durch Gesetz

oder

- durch Rechtsgeschäft (zum Beispiel Kaufvertrag).

Qualifizierte oder einfache elektronische Signatur?

Ist die Schriftform durch „Gesetz" vorgegeben, so kann diesem Erfordernis ausschließlich im Wege einer „qualifizierten elektronischen Signatur" Rechnung getragen werden.

Ist nicht durch „Gesetz" die Schriftform vorgegeben, sondern nur durch „Rechtsgeschäft" und wird dabei eine „elektronische Form" ermöglicht. so reicht eine „einfache elektronische Signatur" aus.

Qualifizierte oder einfache elektronische Signatur? (Fortsetzung)

Ist die Schriftform nur „rechtsgeschäftlich" gefordert (ohne weitere Angaben), so reicht „eine (einfache) telekommunikative Übermittlung" aus.

Zu beachten ist jedoch immer der Einzelfall.

Beispiel: Einladung zur Mitgliederversammlung:

So hat das OLG Hamm zur Einladung eines Vereins-Vorsitzenden zur Mitgliederversammlung mit einfacher E-Mail Folgendes festgestellt (Beschluss vom 24.9.2015 Az. 27 W 104/15 – ebenso OLG Hamburg):

§ 58 BGB schreibe nur vor, dass eine Vereins-Satzung vorhanden sein müsse. Der Inhalt der Satzung – vor allem die schriftliche Form einer Einladung – werde jedoch nicht kraft „Gesetzes" (gemeint ist hier das BGB) geregelt, sondern nur durch die Vereins-Satzung werde die schriftliche Einladung vorgeschrieben, also „rechtsgeschäftlich". Bei einer lediglich durch „Rechtsgeschäft" (hier: Vereins-Satzung) bestimmten Form der Einladung genüge nach § 127 Abs. 2 BGB die einfache „telekommunikative Übermittlung" per E-Mail. Eine „qualifizierte" oder auch nur „einfache elektronische Signatur" sei nicht erforderlich gewesen, um rechtswirksam einzuladen.

Zurzeit besteht daher unter anderem für Vereine in aller Regel kein Handlungsbedarf. Ist die Einladung schriftlich nur durch die Satzung vorgegeben, dann reicht – nach dieser Rechtsprechung – eine Ladung mit einfacher E-Mail zur Rechtswirksamkeit aus.

Ist zum Beispiel in einem Mietvertrag festgehalten, dass der Mieter die *„ausdrückliche Erlaubnis"* des Vermieters für eine Untervermietung benötigt, so ist für diese Erklärung des Vermieters keine besondere Form vorgeschrieben, so dass eine einfache E-Mail des Vermieters ausreicht und rechtsverbindlich ist. So hat gemäß § 556 BGB der Vermieter dem Mieter die jährliche Heizkostenabrechnung nur *„mitzuteilen"*. Das heißt, dies kann auch in Form einer einfachen E-Mail geschehen.

Besondere Anforderungen:

Die privat-rechtlich rechtsgeschäftliche Ebene unterliegt den hier – in Grundzügen dargestellten – besonderen Anforderungen der Schriftform oder der „einfachen" oder der „qualifizierten elektronischen Form".

Öffentlich-rechtlich geregelter Bereich

Grundsätzliches/E-Government-Gesetze (EGovGe) des Bundes und der Länder

Das EGovG des Bundes verpflichtet die öffentlichen Stellen, einen Zugang für die Übermittlung elektronischer Dokumente zu schaffen, auch soweit diese Dokumente mit einer *„qualifizierten elektronischen Signatur"* versehen sind (§ 2 Abs. 1 EGovG). Dies wird in gleichem Maße von den Ländern mit den von ihnen erlassenen E-Government-Gesetzen verbindlich vorgeschrieben.

Anders ausgedrückt: Die *„öffentliche Hand"* muss die Voraussetzungen für eine elektronische Kommunikation sicher-

Qualifizierte oder einfache elektronische Signatur? (Fortsetzung)

Ist die Schriftform nur „rechtsgeschäftlich" gefordert (ohne weitere Angaben), so reicht „eine (einfache) telekommunikative Übermittlung" aus.

Zu beachten ist jedoch immer der Einzelfall.

Beispiel: Einladung zur Mitgliederversammlung:

So hat das OLG Hamm zur Einladung eines Vereins-Vorsitzenden zur Mitgliederversammlung mit einfacher E-Mail Folgendes festgestellt (Beschluss vom 24.9.2015 Az. 27 W 104/15 – ebenso OLG Hamburg):

§ 58 BGB schreibe nur vor, dass eine Vereins-Satzung vorhanden sein müsse. Der Inhalt der Satzung – vor allem die schriftliche Form einer Einladung – werde jedoch nicht kraft „Gesetzes" (gemeint ist hier das BGB) geregelt, sondern nur durch die Vereins-Satzung werde die schriftliche Einladung vorgeschrieben, also „rechtsgeschäftlich". Bei einer lediglich durch „Rechtsgeschäft" (hier: Vereins-Satzung) bestimmten Form der Einladung genüge nach § 127 Abs. 2 BGB die einfache „telekommunikative Übermittlung" per E-Mail. Eine „qualifizierte" oder auch nur „einfache elektronische Signatur" sei nicht erforderlich gewesen, um rechtswirksam einzuladen.

Zurzeit besteht daher unter anderem für Vereine in aller Regel kein Handlungsbedarf. Ist die Einladung schriftlich nur durch die Satzung vorgegeben, dann reicht – nach dieser Rechtsprechung – eine Ladung mit einfacher E-Mail zur Rechtswirksamkeit aus.

Ist zum Beispiel in einem Mietvertrag festgehalten, dass der Mieter die *„ausdrückliche Erlaubnis"* des Vermieters für eine Untervermietung benötigt, so ist für diese Erklärung des Vermieters keine besondere Form vorgeschrieben, so dass eine einfache E-Mail des Vermieters ausreicht und rechtsverbindlich ist. So hat gemäß § 556 BGB der Vermieter dem Mieter die jährliche Heizkostenabrechnung nur *„mitzuteilen"*. Das heißt, dies kann auch in Form einer einfachen E-Mail geschehen.

Besondere Anforderungen:

Die privat-rechtlich rechtsgeschäftliche Ebene unterliegt den hier – in Grundzügen dargestellten – besonderen Anforderungen der Schriftform oder der „einfachen" oder der „qualifizierten elektronischen Form".

Öffentlich-rechtlich geregelter Bereich

Grundsätzliches/E-Government-Gesetze (EGovGe) des Bundes und der Länder

Das EGovG des Bundes verpflichtet die öffentlichen Stellen, einen Zugang für die Übermittlung elektronischer Dokumente zu schaffen, auch soweit diese Dokumente mit einer *„qualifizierten elektronischen Signatur"* versehen sind (§ 2 Abs. 1 EGovG). Dies wird in gleichem Maße von den Ländern mit den von ihnen erlassenen E-Government-Gesetzen verbindlich vorgeschrieben.

Anders ausgedrückt: Die *„öffentliche Hand"* muss die Voraussetzungen für eine elektronische Kommunikation sicherstellen. Wie bereits angedeutet, der Gesetzgeber hat auf EU-, Bundes- und Landes-Ebene unzählige Rechtsvorschriften erlassen, die die elektronische Kommunikation sicherstellen sollen; auch für und mit dem Bürger, so zum Beispiel das Online-Zugangsgesetz – OZG –. Dieses soll gemäß § 1 Abs. 1 OZG sicherstellen, dass bis 2022 Bund, Länder und Gemeinden ihre-Verwaltungs-Dienstleistungen auch über Verwaltungsportale anbieten. Es ist jedoch auch Mitte 2023 festzuhalten, dass weiterhin eine ausreichende Umsetzung des OZG aussteht.

Kontaktaufnahme und Datenschutz

Dabei kann es – schon jetzt – keinem Zweifel unterliegen, dass die öffentlichen Stellen mit dem Bürger auch über E-Mail korrespondieren können, dürfen und müssen.

Dies gilt auch unter Beachtung der auf nationaler Ebene zu beachtenden Datenschutz-Grundverordnung der EU (DSGVO). Zum einen gilt diese DSGVO nicht zugunsten von Betriebs- und Geschäftsgeheimnissen von juristischen Personen, sondern sie enthält ausschließlich Vorschriften zum Schutz personenbezogener Daten von *„natürlichen Personen."*

Dabei müssen personenbezogene Daten (nur) *„u. a. auf rechtmäßige Weise, nach Treu und Glauben und in einer für die betroffene Person nachvollziehbaren Weise verarbeitet werden"*; nicht mehr, nicht weniger.

Die Verarbeitung personenbezogener Daten ist zudem unter anderem dann rechtmäßig, *„wenn die betroffene Person ihre Einwilligung … oder in einer sonstigen Handlung zu verstehen gegeben hat, dass sie … einverstanden ist."* (Vgl. dazu

Art. 4 Ziff. 10 DSGVO). Dies kann auch konkludent geschehen. Eine Schriftform ist nach der DSGVO nicht vorgegeben.

Nimmt also der Bürger mit der *„öffentlichen Hand"* per E-Mail Kontakt auf, so kann die öffentliche Stelle dem Bürger per E-Mail antworten. Der anfragende Bürger hat mit der Angabe seiner E-Mail-Adresse *„eindeutig"* seine Zustimmung erteilt, auf diesem Wege zu antworten. Alles andere wäre lebensfremd (siehe auch oben Seite 31).

Weiter kommt für den öffentlichen Bereich hinzu, dass *„die Verarbeitung personenbezogener Daten immer dann rechtmäßig ist, wenn die Verarbeitung für die Wahrnehmung im öffentlichen Interesse liegender Aufgaben erforderlich ist."*

Macht also der Bürger – vorbehaltlich sondergesetzlicher Vorgaben – eine Eingabe oder stellt er eine Anfrage, so kann diese auf diesem Wege erledigt werden; also per E-Mail. Aber auch intern kann per E-Mail korrespondiert werden; immer vorbehaltlich sondergesetzlicher Regelungen, so kann sich zum Beispiel der Vorsitzende des Personalrats selbstverständlich per E-Mail mit seiner Dienststelle austauschen.

E-Mail-Korrespondenz mit dem Bürger:

Wird also per E-Mail bei der „öffentlichen Hand" angefragt, so ist eine Antwort per E-Mail zulässig. Dies gilt nicht, wenn es sich um die Übermittlung besonderer personenbezogener Daten i. S. v. Art. 9 DSGVO handelt (zum Beispiel Gesundheitsdaten etc.).

Damit gehen die Verfasser bewusst über die – aufgezeigte bisherige restriktive – Rechtsprechung hinaus und finden ihre Bestätigung in der neueren

Entscheidung des BVerwG vom 07.06.2021 Az 4 BN 50/20, wonach *„der Bürger die Möglichkeit hat, mit einfacher E-Mail mit der Behörde zu korrespondieren und umgekehrt."*

Ob und in welcher Weise die *„öffentliche Hand"* rechtsverbindlich zum Beispiel hoheitlich gegenüber dem Bürger elektronisch handeln darf, ist damit noch nicht entschieden. Die Berechtigung dazu ergibt sich aus den folgenden Vorgaben.

Hoheitliche Verwaltungsverfahren nach den VerwaltungsverfahrensG des Bundes und der Länder (VwVfG)

Im Verwaltungsverfahren ist die Übermittlung elektronischer Dokumente grundsätzlich zulässig, *„soweit der Empfänger hierfür einen Zugang eröffnet hat"*; so regelt es § 3 a Abs. 1 aller VwVfGe. Das heißt, der Gesetzgeber erlaubt in einem Verwaltungsverfahren die E-Mail-Korrespondenz mit dem Bürger bereits kraft Gesetzes.

Dabei kann (Ermessen ≠ muss) eine durch *„Rechtsvorschrift"* angeordnete *„Schriftform"* – soweit nicht spezialgesetzlich wiederum etwas anderes geregelt ist – durch die *„elektronische Form"* ersetzt werden; also ein schriftlicher Verwaltungsakt (=VA) auch auf elektronischem Weg erlassen werden.

Konkludentes Einverständnis:

Wichtig ist also, dass der Empfänger einen „Zugang" eröffnet hat. Über die oben angeführte Rechtsprechung hinaus gehen die Verfasser davon aus, dass in dem Kontakt per Brief oder E-Mail das konkludente Einverständnis zu sehen ist und somit damit der „Zugang" eröffnet wurde.

Zu beachten ist jedoch weiter, dass gemäß § 3 a Abs. 2 S. 2 VwVfG das elektronische Dokument mit einer *„qualifizierten elektronischen Signatur"* versehen sein muss (siehe oben zur Entwicklung im Signatur-Bereich).

Der Schriftform wird auch dadurch Genüge getan, dass der Bürger Erklärungen abgibt, die von ihm unmittelbar in ein elektronisches Formular der Behörde eingegeben werden (*„Verwaltungsportal"*).

Beabsichtigt die Behörde einen VA zu erlassen, so kann auch dies in elektronischer Form erfolgen (§ 37 Abs. 2 VwVfG). Wird für einen VA, für den eine *„Rechtsvorschrift"* die *„Schriftform"* vorgesehen bzw. angeordnet hat, die elektronische Form verwendet, so muss dieser VA zwingend mit einer *„qualifizierten elektronischen Signatur"* versehen sein.

Eine Baugenehmigung muss „schriftlich" erlassen werden. Da die Baugenehmigung einen VA darstellt, kann also die Baugenehmigung auch (qualifiziert) elektronisch erlassen werden.

Dieser elektronische VA gilt gemäß § 41 Abs. 2 S. 2 VwVfG mit dem *„dritten Tag nach Absendung"* als bekannt gegeben. Der Gesetzgeber ermöglicht die Bekanntgabe eines elektronischen VA auch über *„öffentlich zugängliche Netze"* gem.

§ 41 Abs. 2a VwVfG. Allerdings nur dann, wenn der Adressat des VA *„eingewilligt"* hat und *„sichergestellt ist"*, dass nur der Adressat den VA abrufen kann.

Qualifizierte elektronische Signatur bei wichtigen Dokumenten:

Es besteht die grundsätzliche Möglichkeit, mit dem Bürger elektronisch zu verkehren. Bei der Bekanntgabe wichtiger Dokumente, für die der Gesetzgeber die „Schriftform" vorgegeben hat, ist jedoch die „qualifizierte elektronische Signatur" erforderlich. Dies gilt insbesondere beim Erlass eines VA.

Sonstiges öffentlich-rechtliches Handeln

Bei dem öffentlich-rechtlichen Handeln öffentlicher Stellen außerhalb eines Verwaltungsverfahrens gelten die bereits genannten Grundsätze. Das heißt, diese E-Mail-Korrespondenz unterliegt nicht den Vorschriften der VwVfGe, jedoch den oben aufgezeigten allgemeinen Grundsätzen.

Empfehlung: Wichtig ist zunächst einmal, zu erkennen, auf welchem Rechts-Gebiet Sie sich bewegen und welche rechtlichen Grundlagen dafür erlassen sind (Aktiengesetz, Bürgerliches Gesetzbuch, Gemeindeordnung, Geschäftsordnung, Genossenschaftsgesetz, Hauptsatzung, Hochschulgesetz, Satzungen vor Ort, Studierendenwerksgesetz, Wohnungseigentumsgesetz, etc.).

Zulässigkeit der E-Mail-Korrespondenz:

Für weite Bereiche kann festgestellt werden, dass eine (einfache) E-Mail-Korrespondenz möglich und zulässig ist.

Könnte der E-Mail jedoch eine besondere rechtliche Bedeutung zukommen, so sind ggf. die speziellen Vorschriften zu beachten. Lädt also der Vorsitzende einer Gemeindevertretung zur nächsten ordentlichen Sitzung der Gemeindevertretung ein, so regeln die Kommunalverfassungen/Hauptsatzungen/Geschäftsordnungen in der Regel, dass nur *„schriftlich"* eingeladen werden kann.

Damit meint(e) der Gesetz-/Hauptsatzungs-/Geschäftsordnungsgeber tradiert immer die so genannte Papier-Form. Ist zum Beispiel ein Protokoll *„schriftlich"* zu verfassen und zur nächsten ordentlichen Sitzung vorzulegen, so müssen Sie auch heute noch davon ausgehen, dass in der Regel die Papier-Form erforderlich ist (vgl. Beckmann/Walter Prokollführung, 3. Auflage).

Etwas anderes gilt jedoch dann, wenn der Gesetz-/Hauptsatzungs-/Geschäftsordnungs-Geber die *„elektronische Form"* der *„Schriftform"* gleichsetzt (vgl. zum Beispiel § 1 Abs. 3 Geschäftsordnung der Bürgerschaft der Universitäts- und Hansestadt Greifswald: *„Die Ladung erfolgt unter Mitteilung der Tagesordnung elektronisch (E-Mail)"*; ebenso § 59 Abs. 1 S. 1 Kommunalverfassung Niedersachsen: *„schriftlich" einzuladen*, oder *„durch ein elektronisches Dokument"*.

Etwas anderes gilt selbstverständlich dann, wenn ausdrücklich die *„elektronische Form"* verboten ist (so zum Beispiel bei einem Einwohnerantrag bzw. beim Bürgerbegehren nach

§ 31 Abs. 2 und § 32 Abs. 5 Kommunalverfassung Niedersachsen: Ein Begehren ist „ *in schriftlicher Form einzureichen. Die elektronische Form ist unzulässig.*").

Wenn ein Gesetz/eine Rechtsvorschrift wie zum Beispiel die Kommunalverfassungen der Länder die „*Schriftform*" für die Einladung vorschreiben, diese „*Schriftform*" nun durch die „*elektronische Form*" ersetzt werden kann, so taucht die Frage auf, welche Unterschrifts-Qualität diese Einladung haben muss (die Städte Bochum/Essen regeln dies in der Form, dass die Einladung über das Ratsinformationssystem erfolgt – vgl. zum Beispiel § 1 Abs. 3 Geschäftsordnung des Rates der Stadt Bochum: „*per E-Mail*").

Empfehlung: Wenn ein „*Gesetz*" die „*schriftliche*" Einladung vorschreibt, diese „*Schriftform*" kraft Gesetzes nun durch die „*elektronische Form*" ersetzt bzw. gleichgestellt werden kann, so muss nach Ansicht der Verfasser – in Anwendung des § 3 a Abs. 2 VwVfG bzw. § 126 a Abs. 1 BGB – eine „*qualifizierte elektronische Signatur*" die Einladung abschließen; das heißt:

- mit einer Unterschrift des Signierenden (1.),
- einer Identitätsfeststellung = Absender-Zuordnung (2.)

  und
- einer Sicherung übersandter Dokumente, dass diese nur vom berechtigten Empfänger geöffnet werden können (3.)

versehen sein. Dies gilt jedenfalls dann, wenn damit auch der Zugang zu nicht-öffentlich zu verhandelnden TOPs verbunden ist.

Auf den Punkt gebracht

Bei einer rechtsgeschäftlichen E-Mail ist die darin liegende andere Bedeutung zunächst einmal zu erkennen (zum Beispiel Kündigung) und sind die aufgezeigten allgemeinen Grundsätze der §§ 126 ff. BGB zu beachten sowie ggf. die weiteren sondergesetzlichen Vorschriften.

Darüber hinaus ist immer auf den Einzelfall abzustellen, vor allem auf die in diesem Einzelfall eventuell geltenden Geschäftsbedingungen (zum Beispiel des Fitness-Studios). Erst dann kann beurteilt werden, ob per E-Mail rechtsverbindlich gehandelt werden durfte (beispielsweise dem Fitness-Studio gekündigt werden konnte).

Für die öffentliche Verwaltung gelten darüber hinaus weitere speziell für diesen Bereich erlassene Vorschriften. Dies gilt sowohl im Verhältnis Bürger zur öffentlichen Verwaltung als auch im Verhältnis öffentliche Verwaltung zum Bürger. Der Widerspruch gegen einen VA kann kraft Gesetzes nur *„schriftlich"* eingelegt werden. Eine einfache E-Mail reicht daher nicht aus. Will die Behörde über einen formgerecht eingelegten Widerspruch nun mit einem Widerspruchs-Bescheid antworten, so muss sie wiederum dies kraft Gesetzes *„schriftlich"* tun; das heißt, wählt sie den elektronischen Weg, so muss dieser Widerspruchs-Bescheid u. a. mit einer *„qualifizierten elektronischen Signatur"* versehen sein.

Knotenpunkte der E-Mail

Betreffzeilen

Betreffzeilen präzise formulieren

Die Betreffzeile einer E-Mail entscheidet über Lesen oder Nicht-Lesen. Viel stärker als beim herkömmlichen Brief hat der Textbeginn eine Orientierungsfunktion. Der papierne Brief wird mit großer Wahrscheinlichkeit zumindest einmal „überflogen" – wenn er denn geöffnet wurde.

Orientierungspunkt:

Der Betreff ist der entscheidende Orientierungspunkt für den Empfängerkreis. Hier fällt die Entscheidung, ob die E-Mail geöffnet wird.

Bei einer E-Mail können die Lesenden anhand der Betreffzeile gleich auf „Löschen" gehen. Deshalb beachten Sie bitte Folgendes:

- Legen Sie Ihr Anliegen an den Leser präzise und bestimmt genug dar.
- Kein Betreff bedeutet keine Orientierung.
- Aus der Sicht des Empfängers geht es um folgende grundsätzliche Fragen:
  - Worum geht es? Was ist das Anliegen?
  - Wie wichtig ist das Ganze? (Priorität 1 oder …)

- In welcher Form ist der Empfänger betroffen? Muss er handeln oder geht es um Information?

Anhand dieser Angaben kann der Empfängerkreis der E-Mail sein Leseverhalten steuern. Sie als Schreibender können es mit präzisen Angaben entsprechend beeinflussen.

Stichwörter als Betreff

In der Betreffzeile stehen in der Regel sachliche Stichwörter, die einen fachlichen Hintergrund haben.

Beispiele:

- *Angebot*
- *Anfrage*
- *Rechnung*
- *Prüfbericht*
- *Kündigungsbestätigung*

Diese fachlichen Stichwörter bekommen oft eine Zuordnung/Einordnung.

Beispiele:

- *Wohnungsangebot – Ihre Anfrage aus unserem Ticketsystem*
- *Anfrage zur Verwendung von …*
- *Rechnung (Re.-Nr. 1234567)*
- *Prüfbericht 2022*
- *Kündigungsbestätigung – Ihre Information vom …*

In einer Betreffzeile können darüber hinaus Stichwörter stehen, die allgemein bekannt sind, aber fachlich weiter präzisiert werden müssen.

Beispiele:

- *Information*
- *Einladung*
- *Ergebnisse*
- *Vorhaben*
- *Vertrag*

Um den Betreff für den Empfängerkreis zu schärfen, ist in der Regel eine fachliche Konkretisierung angebracht:

Beispiele:

- *Information über Messebesuch*
- *Einladung zur Pressekonferenz*
- *Prüfergebnisse: Bauteil XY*
- *Bauvorhaben 22/14x*
- *Kaufvertrag Vertrags-Nr. 1234567*

In den genannten Beispielen unterscheidet sich die E-Mail-Korrespondenz zunächst nicht von der herkömmlichen Korrespondenz. Da der Betreff in der E-Mail aber der zentrale Zugang zum eigentlichen Text ist, sollten Sie bei allgemeinen Stichwörtern für den Lesenden vor allem weitere Handlungsorientierungen geben.

Welche sprachlichen Möglichkeiten haben Sie, um Handlungsorientierungen darzustellen?

Arbeitsvertrag XY – Bitte um juristische Prüfung

Das bedeutet für den Empfängerkreis immer Priorität 1. Es geht um eine Handlungsaufforderung. Mit dem Zauberwort „Bitte" schaffen Sie einerseits eine positive Atmosphäre, andererseits ist für jeden Empfänger bereits im Betreff klar: Es gibt etwas zu tun.

Welche Aufforderungen ergeben sich in Ihrem Arbeitsumfeld?

Bitte um Feedback, Einschätzung, Bewertung, Unterstützung, Hilfe, Mitarbeit, Antwort, Reparatur, Fehlersuche, Abstimmung, …

Wichtig: Neues Schließsystem ab … beachten

Mit der Formulierung „wichtig" vermitteln Sie Nachdruck zum Lesen der E-Mail. Weitere sprachliche Formulierungen sind:

Vorsicht! Unbedingt beachten: … Dringend: …

Mit diesen Formulierungen sind nicht immer Aufgaben verbunden, aber die Priorität ist hoch. Vielleicht soll der andere etwas Bestimmtes beachten.

Missbrauchen Sie diese sprachlichen Mittel nicht. Bei inflationärem Gebrauch verlieren diese ihre Wirksamkeit. Wenn Sie jede E-Mail mit „Wichtig" kennzeichnen, nimmt Ihnen das irgendwann niemand mehr ab.

Arbeitsvertrag XY – zur Information (zur Info)

Das bedeutet für den Lesenden: Priorität 2. Er kann die E-Mail bei Gelegenheit lesen. Es wird in diesem Zusammenhang auch die englische Abkürzung „fyi" (for your information) verwendet – je nach Unternehmenskontext. Zwischen den Korrespondierenden muss Einvernehmen herrschen, dass in diesen E-Mails **keine** Aufforderung enthalten sein darf. Trotzdem ist diese Schärfung in Richtung Priorität 2 mitunter wertvoll, weil der Empfänger seine E-Mails besser sortieren kann.

Beispiele:

- *Prüfergebnisse. Bauteil XY – zur Info*
- *Bauvorhaben 22/14 – Bitte um Bodengutachten*
- *Kaufvertrag Vertrags-Nr. 1234567 – Bitte um juristische Prüfung. Dringend!*

Schärfung der Betreffzeile:

Ergänzen Sie die Betreffzeilen der E-Mail dort, wo es angebracht ist, mit Handlungsorientierungen. Sie erleichtern den Lesenden das Setzen von Prioritäten und Sie können das Leseverhalten des Empfängerkreises in die von Ihnen gewünschte Richtung steuern.

Die Satzzeichen Doppelpunkt oder Langstrich können dazu dienen, dass die Handlungsorientierung optisch überzeugend abgegrenzt wird.

Beispiele:

- *Termin Telefonkonferenz – Bitte um Terminverschiebung*
- *Ausarbeitung Messepräsentation: Bitte um Unterstützung*

Beachten Sie bitte: Betreffzeilen sollten in der E-Mail-Korrespondenz keine Rätsel für die Lesenden darstellen.

Im papiernen Brief ist der Betreff mitunter originell formuliert. Dem Text kann dann entnommen werden, um was es wirklich geht. Das heißt, die Betreffzeile im Brief ist bei bestimmten Anlässen sprachlich originell, um die Lesenden neugierig zu machen und zum Weiterlesen zu animieren.

In der E-Mail-Korrespondenz können originelle Betreff-Formulierungen dazu führen, dass die E-Mail durch den Spam-Filter aussortiert wird. Aber auch die Lesenden können irritiert sein und wohlmöglich die E-Mail nicht ernst nehmen. Das bedeutet in der Regel: Die E-Mail wird nicht geöffnet.

Unterbetreffzeilen angeben?

Mitunter sind im Betreff auch umfangreiche Zuordnungen (Nummern, Aktenzeichen, ...) notwendig. Diese würden aber den Umfang des Betreffs u. U. sprengen. Die DIN 5008 ermöglicht die Angabe von Unterbetreffzeilen im Textfeld der E-Mail, zwei Leerzeilen oberhalb der Anrede.

Betreffzeilen übernehmen?

Beim Beantworten einer E-Mail geht der Empfänger gewöhnlich auf „Antworten". Das ist im Korrespondenzalltag einfach und bequem. Es muss kein eigener Betreff entwickelt werden. Darüber hinaus erwartet der andere eine Antwort, die durch die Übernahme seiner Betreffzeile zum Einordnen in sein Archivierungssystem führt.

Eine Betreffzeile der anderen Seite können Sie jedoch auch ergänzen. Auch in diesem Fall kann der Langstrich als Zeichen genutzt werden, um ursprünglichen Betreff und Betreff-Ergänzung voneinander abzutrennen.

Beispiele:

- *AW: Anfrage – Unser Wohnungsangebot*
- *AW: Einladung zur Veranstaltung XY – Zusage*

Sie geben damit der Betreffzeile zusätzlich Ihre eigene Ausrichtung.

Des Weiteren können Sie die Betreffzeile durch positive Signale ergänzen und damit die Beziehungsebene stärken.

Beispiele:

- *AW: Zwischenstand XY – Danke für die schnelle Antwort*
- *AW: Terminverschiebung – Danke für das Entgegenkommen*

Achtung Stolperstelle! Wenn Sie im Service-Bereich arbeiten, bekommen Sie nicht immer freundliche E-Mails. Da gibt es die eine oder andere Beleidigung und Provokation. Das geschieht mitunter bereits in den Betreffzeilen.

Keine gedankenlose Übernahme:

Übernehmen Sie bitte keine Provokationen oder Beleidigungen. Sie haben immer das Recht, solche Zeilen zu löschen und Ihren Betreff dagegenzusetzen.

Übernehmen Sie bitte auch keine Rechtschreibfehler oder stilistischen Unsinn.

Beispiele:

- *Betreff: Schlampige Bearbeitung*
- *Betreff: Fälschung meiner Daten*
- *Betreff: Mangelnder Service*

Beispiele nach dem Beantworten:

- *AW: Wir bitten um Entschuldigung (Wenn es denn so – wie dargestellt – wahr ist.)*
- *AW: Ihre Anfrage*
- *AW: Ihre Meinung zum Service*

Empfängerorientierte Anredeformen

Wenn der Leseprozess nach dem Öffnen der E-Mail beginnt, entscheidet die Anrede vielfach über die Stimmung. Mit Anredeformen kann eine Person auch gehörig danebenliegen und der Leseprozess startet, wenn überhaupt, unter negativem Vorzeichen.

Da der papierne Brief ein Auslaufmodell ist, sind auch die entsprechenden Anredeformen auf dem Rückzug. Das bedeutet nicht, dass es ab einem bestimmten Stichtag „Sehr geehrte" nicht mehr gibt, insbesondere für den öffentlich-rechtlich geregelten Verwaltungsbereich. Wir leben in einer Übergangszeit.

Begrüßung und Anrede

Eine wesentliche Erweiterung der Anrede ist die Begrüßung davor. Es ist wahrscheinlich eine Entwicklung, die darauf zurückzuführen ist, dass die E-Mail mit der mündlichen Kommunikation auf vielfältige Art und Weise verknüpft ist. Jemand ruft an. Danach wird „wie vereinbart" eine E-Mail geschrieben oder umgekehrt. Mitunter ersetzt eine E-Mail ein Gespräch – was nicht in jedem Fall sinnvoll ist. Aus dem Zusammenhang mündliche und schriftliche Kommunikation ergibt sich eine Zweiteilung:

Begrüßung	Anrede
Guten Tag(,)	sehr geehrte Frau …,
Guten Morgen(,)	liebe Frau …,
Hallo(,)	Frau …,
Hallo(,)	Manfred,

Kommasetzung:

Zwischen der Begrüßung und der Anrede ist eine Kommasetzung möglich. Es handelt sich um zwei verschiedene Aspekte, Begrüßung + Anrede. Besonders in der Langform (Guten Tag, sehr geehrte Frau …,) ist eine Kommasetzung zu empfehlen.

Die Entwicklung weiterer Formen und Varianten ist hier natürlich möglich. Wir leben in einer Übergangszeit. Allerdings ist die Wahl der Formen abhängig von bestimmten Faktoren.

Qualität der Beziehungen zum Empfänger

Das ist der wichtigste Faktor bei der Entscheidung für oder gegen eine bestimmte Begrüßung bzw. Anrede. Grundsätzlich geht es in der E-Mail weniger förmlich zu. Dabei gibt es Abstufungen, die eine gewisse Entwicklung der Kommunikationsbeziehungen markieren – von offiziell-distanziert bis vertraut.

Beispiele:

- *Sehr geehrte Frau Muster,* — *offiziell*
- *Guten Tag, sehr geehrte Frau Muster,*
- *Guten Tag, Frau Muster,*
- *Hallo, Frau Muster,*
- *Hallo Beate,*
- *Guten Tag, liebe Frau Muster,*
- *Liebe Frau Muster,*
- *Liebe Beate,* — *vertraut*
- …

Die E-Mail-Korrespondenz erfordert viel mehr Individualität und damit Empfängerorientierung. Das bedeutet für die Schreibenden, dass sie sich die Beziehungsqualität bewusst machen.

a) Wenn Sie eine E-Mail bekommen mit einer Anrede „sehr geehrte" oder „verehrte" oder „werte", dann antworten Sie am besten mit „Sehr geehrte Frau Muster," – ohne Begrüßung davor.

b) Wenn Sie eine E-Mail bekommen mit „Guten Morgen", „Guten Tag", „Hallo" o. Ä., dann antworten Sie am besten auf dieser Wellenlänge. Das heißt, Sie setzen auch eine adäquate Begrüßung davor.

Neben der Beziehungsqualität und dem Empfänger spielen weitere Faktoren bei der Wahl der Anredeform eine Rolle:

- In welcher Branche arbeiten Sie? Was ist hier Tradition? Welche Entwicklungen gibt es?
- Wer schreibt Ihnen? Welche Traditionen herrschen in diesem Unternehmen?
- Zu welchem Anlass schreiben Sie? Geht es um Alltagskorrespondenz oder um besondere Anlässe (Glückwünsche, Einladungen, ...)?
- Geht es um Kommunikation im Unternehmen bzw. innerhalb der Behörde?
- Schreiben Sie an Kunden oder Bürger in einer Beschwerdesituation?
- Schreiben Sie als Teil der öffentlichen Verwaltung an Bürger?

Übung:

Wie (mit welcher Anrede) würden Sie auf folgende E-Mails antworten?

1. *Ein Kunde Ihres Unternehmens hat ein Anliegen zu seiner Bestellung: Er schreibt:*
   - *„Werte Frau Schneider,"*
2. *Ein Kunde schreibt an seine Bank, um einen Kredit zu erhalten. Er schreibt:*
   - *„Guten Tag, sehr geehrtes Sparkassenteam,"*
3. *Ein Geschäftspartner schreibt nach einigen Jahren der guten Zusammenarbeit zum ersten Mal:*
   - *„Guten Tag, lieber Herr Schrader,"*
4. *Eine Jugendliche schreibt an ein Unternehmen und bittet um einen Praktikumsplatz:*
   - *„Hallo zusammen,"*

5. *Ein Bürger schreibt an ein Amt. Er hat eine Frage zu seinem Antrag:*
   - *„Guten Tag, Frau Schneider,"*

Lösungen:

1. *Ein Kunde Ihres Unternehmens hat ein Anliegen zu seiner Bestellung: Er schreibt: „Werte Frau Schneider,"*
   - ***Antwort:** Sehr geehrte Frau Schmidt, …*
     - ***Kommentar:** Wenn jemand eine konservative Anredeform wählt, dann antworten Sie auch standardmäßig konservativ.*
2. *Ein Kunde schreibt an seine Bank, um einen Kredit zu erhalten. Er schreibt: „Guten Tag, sehr geehrtes Sparkassenteam,"*
   - ***Antwort:** Guten Tag, sehr geehrter Herr Müller,…*
     - ***Kommentar:** Erwidern Sie einen freundlichen Ton in der Anrede auf der gleichen Wellenlänge, auch wenn das für Ihre Branche eher (noch) unüblich ist.*
3. *Ein Geschäftspartner schreibt nach einigen Jahren der guten Zusammenarbeit zum ersten Mal: „Guten Tag, lieber Herr Schrader",*
   - ***Antwort:** Guten Tag , lieber Herr Mayer,…*
     - ***Kommentar:** Die Qualität der Beziehung kann sich verändern. Wenn eine Vertrautheit in der Geschäftsbeziehung entsteht, sollte sich das auch in der Anrede widerspiegeln.*

4. *Eine Jugendliche schreibt an ein Unternehmen und bittet um einen Praktikumsplatz: „Hallo zusammen,"*
   - ***Antwort:*** *Guten Tag, Frau Richter, … Oder: Hallo Jasmin, …*
     - ***Kommentar:*** *Wenn eine Jugendliche mit aktuellen Anredeformen anfragt, sollten Sie sie nicht mit alten Formen verprellen.*
5. *Ein Bürger schreibt an ein Amt. Er hat eine Frage zu seinem Antrag: „Guten Tag, Frau Schneider,"*
   - ***Antwort:*** *Guten Tag, sehr geehrter Herr Braun, … oder: Guten Tag, Herr Braun, …*
     - ***Kommentar:*** *Auch in der Öffentlichen Verwaltung sollten Sie zumindest eine Begrüßung vor die Anrede setzen. Das ist schließlich keine Beleidigung.*

Fettnäpfchen in der Anrede

Es gibt Vornamen, die mehrdeutig sind (männlich oder weiblich – beispielsweise Andrea oder Renèe). Es gibt Absenderangaben, die nicht klar definiert werden können „a.lehmann@…" Heißt dieser Mensch Andreas oder Angela oder …? Eine Recherche ist in der Regel aufwendig. Sie vermeiden Fettnäpfchen, indem Sie keine geschlechtsspezifische Einordnung vornehmen oder auf eine namentliche Anrede verzichten. Die Verwendung einer Begrüßung am Textanfang kann nicht unhöflich sein

- Guten Tag, Andrea Muster,
- Guten Tag, … Sie wünschen eine Auskunft über …

Gendergerechte Anrede?

Mit seiner Entscheidung vom 10.10.2017 Az. 1 BvR 16/2019 hat das BVerfG entschieden, dass das Personenstandsgesetz insoweit verfassungswidrig ist, als neben dem *„männlichen"* und *„weiblichen"* Geschlecht keine dritte Möglichkeit besteht, ein Geschlecht positiv einzutragen. Dem ist der Bundesgesetzgeber mit der Änderung des Personenstandsgesetzes mit Wirkung vom 1.1.2019 gefolgt. Nun kann in das Personenstandsregister auch *„diverses"* eingetragen werden.

Nicht mehr, nicht weniger hat das BVerfG entschieden. An keiner Stelle wird gesetzlich und/oder untergesetzlich oder gar vom BVerfG vorgeschrieben, wie zum Beispiel eine Stelle auszuschreiben, jemand anzureden ist, etc. An dieser Stelle wird auch daran erinnert, dass das so genannte *„generische Maskulinum"* ein Nomen ist, das sich auf eine Person mit unbekanntem Geschlecht bezieht (siehe z. B. Wikipedia *„generisches Maskulinum"*). Es wird daher empfohlen, in der E-Mail-Korrespondenz – wie bisher üblich – die männliche oder weibliche Form zu verwenden; – zumal es mitunter keine sprachlich korrekte diverse Anrede gibt, wie (z. B. bei „Liebe Kolleginnen und Kollegen".

An dieser Stelle ist aber die Frage erlaubt, ob die Angabe des Geschlechts einer einzelnen Person in der Korrespondenz überhaupt notwendig ist.

Geschlechtsneutrale Anreden (siehe oben) sind:

- Guten Tag, Andrea Muster,
- Hallo, Renèe Muster,
- Guten Morgen, Manfred Muster,
- Hallo Dennis.

Mit der Nennung des Vornamens und des Nachnamens identifizieren Sie eine Person eindeutig. Eine Geschlechtsangabe ist nicht notwendig.

Anrede von mehreren Personen

Aus der papiernen Korrespondenz kennen Sie die Anrede „Sehr geehrte Damen und Herren“. In der E-Mail-Korrespondenz ist diese Form nicht falsch, hinterlässt aber einen sehr förmlichen Eindruck. Im Folgenden finden Sie Beispiele, die weniger förmlich klingen.

Beispiele:

- *Guten Tag, sehr geehrte Damen und Herren,*
- *Liebe Kolleginnen und Kollegen,*
- *Guten Tag, liebe Mitarbeiterinnen und Mitarbeiter,*
- *Liebe Studierende,*
- *Liebe Teilnehmende,*
- *Guten Tag zusammen,*
- *Hallo miteinander, Hallo in die Runde,*
- *Hallo, Ihr Lieben,*
- …

Eine erste „Auflockerung“ schaffen Sie, wenn vor die förmliche Anrede eine Begrüßung gesetzt wird „Guten Tag, …“).

Darüber hinaus ist es in verschiedenen Branchen üblich, die Anrede mit „Liebe …“ weniger förmlich zu gestalten. Dabei ist auch eine Begrüßung davor möglich (Guten Tag, liebe …).

Aufgrund der Gender-Problematik (weibliches, diverses und männliches Geschlecht) wurde dazu übergangen, substantivierte Partizipien zu verwenden – zumindest dort, wo es sprachlich möglich ist: „Liebe Studierende,". Damit sind alle Personen gemeint – unabhängig von ihrem Geschlecht.

Zurzeit kommt es bei anderen Anredeformen zur Bildung mit einem Gendersternchen bzw. mit einem Doppelpunkt oder Unterstrich:

- Liebe Bürger*innen, …
- Liebe Kolleg:innen, …
- Sehr geehrte Kund_innen, …

Diese Formen sind *„vom amtlichen Regelwerk nicht abgedeckt"* (Duden Bd. 1, Seite 112), da ein Sternchen oder andere Zeichen nicht (offiziell) gesprochen werden. Selbst wenn diese Zeichen als Pause gesprochen werden, wirkt das in der Alltagskommunikation sehr abgehackt.

Die Verwendung des Doppelpunktes zur Kennzeichnung von diversen Personen ist auch in Zukunft aus sprachwissenschaftlicher Sicht nicht sinnvoll. Der Doppelpunkt ist als Satzzeichen bereits festgelegt und tradiert. Eine barrierefreie Aussprache für blinde Menschen ist dabei auch nicht gewährleistet.

Eine Lösung für alle Geschlechter!

Mit der Form „Guten Tag zusammen/miteinander," lösen Sie die Gender-Problematik – zumindest in der E-Mail-Korrespondenz. Es sind alle gemeint – egal, welches Geschlecht. Sie können auch hierarchieübergreifend sowohl Vorgesetzte als auch Mitarbeitende auf gleicher Stufe ansprechen.

„zusammen/miteinander“:

Die Wörter „zusammen“ bzw. „miteinander“ stellen keine direkte Anrede dar und werden deshalb kleingeschrieben. Es steht davor kein Komma, wohl aber danach.

Achtung: Die direkte Übernahme aus dem Englischem „Liebe alle,“ ergibt im Deutschen keinen Sinn und ist zu vermeiden.

Beachten Sie bitte weiterhin, dass Pronomen, wie zum Beispiel „beide“ bzw. „alle“ keine Anredepronomen darstellen und deshalb kleingeschrieben bleiben. Die Form „ihr“ kann nach der neuen Rechtschreibung klein- oder großgeschrieben werden. Informieren Sie sich über evtl. Festlegungen in Ihrem Unternehmen bzw. in Ihrer Behörde.

In Unternehmen bzw. Öffentlichen Verwaltungen herrscht mitunter ein Wirrwarr bei der Verwendung von „Genderformen“. Der eine schreibt so, die andere wieder anders.

Empfehlung: Eine Führungsebene sollte eine Entscheidung treffen, um die Mitarbeitenden zu informieren.

Beispiel: Entscheidung eines Kreditinstitutes:

Bei einem größeren Kreditinstitut haben sich der Vorstand, der Personalrat und die Abteilung Öffentlichkeitsarbeit an einen Runden Tisch gesetzt.

Das Ergebnis: Sie bleiben bei den Paarformulierungen.

Im Haus: Liebe Mitarbeiterinnen, liebe Mitarbeiter, …

Nach außen: Sehr geehrte Kundinnen und Kunden,

Man verfolgt selbstverständlich sprachliche Veränderungen und kann jederzeit das Vorgehen anpassen.

Etikette-Regeln in Anredeformen

Akademische Zusätze

Der Professoren- und der Doktortitel gehören zum Namen. Diese sollten Sie nicht weglassen – außer, es ist etwas anderes in einer Gruppe einvernehmlich vereinbart.

Beispiele:

- *Sehr geehrter Herr Professor Muster,*

(Es wird nur der höhere Titel geschrieben. Der Doktor kann entfallen. Das Wort Professor bitte ausschreiben)

- *Guten Tag, Frau Dr. Muster,*

Empfehlung: Selbstverständlich gibt es weitere nichtakademische Namenszusätze. Am besten, Sie verwenden die Formen, die der andere Ihnen mitgeteilt hat. Sie scheinen für ihn wichtig zu sein.

Beispiele:

- *Guten Tag, sehr geehrter Herr Rechtsanwalt Muster,*
- *Sehr geehrte Frau Notarin Meyer,*
- *Guten Tag, sehr geehrte Frau Direktorin Schwarz,*
- *...*

Reihenfolge der Namen

Wenn Sie an Privatpersonen schreiben, wird zuerst die Frau angeschrieben.

Beispiele:

- *Guten Tag, Frau Muster,*
- *guten Tag, Herr Muster,*

Wenn Sie an Unternehmen oder Verwaltungen schreiben, entscheidet die Rangfolge.

Beispiele:

- *Guten Morgen, Herr Lehmann, (= Geschäftsführer)*
- *Guten Morgen, Frau Schmidt, (= Prokuristin)*

Etikette-Regeln:

Sie halten sich auch in der E-Mail-Korrespondenz an die üblichen Etikette-Regeln.

Der Textanfang

Womit Sie den Text einer E-Mail beginnen, hängt mit dem Schreibanlass zusammen. Generell zeichnet sich eine Tendenz ab, schneller als im papiernen Brief zum Punkt zu kommen und keinen langen Vorspann zu formulieren. Folgende Formulierungen vermeiden Sie am besten:

Beispiele:

- *Wir möchten Ihnen mitteilen, dass …*
- *Wir freuen uns, Ihnen mitzuteilen, dass …*
- *Wie Sie sicher wissen, …*

Schreibanlass: Anknüpfung an ein Gespräch

Die E-Mail-Korrespondenz ist in vielen Fällen die Fortsetzung eines Gespräches oder der Ausklang eines Gespräches in schriftlicher Form. Folgende Formulierungen bieten sich an:

Beispiele:

- *Wie gerade telefonisch besprochen, sende ich Ihnen …*
- *Wie vereinbart, erhalten Sie folgende Infos: …*
- *Wie gewünscht, erhalten Sie das ausführliche Gutachten.*
- *Vielen Dank für das gestrige Telefonat.*
- *Danke für das informative Gespräch in der letzten Woche.*

Schreibanlass: Prozess läuft

Im Arbeitsalltag werden viele E-Mails versendet, um Prozesse/Projekte zu begleiten. Gerade hier ist es wichtig, schnell auf den Punkt zu kommen. Formulierungen sind beispielsweise:

Beispiele:

- *Die von Ihnen genannten Daten habe ich geprüft. Im weiteren Verlauf …*
- *Das Angebot habe ich gestern an den Kunden geschickt. Jetzt sollten wir …*
- *Manfred hat die Präsentation sehr gut vorbereitet. Als weiteren Punkt …*
- *Wie vereinbart, habe ich die Dokumentation ergänzt.*

Schreibanlass: Achtung

Wenn Sie eine wichtige Botschaft zu vermitteln haben, dann sollten Sie in der E-Mail ohne Umschweife schnell zur Sache kommen. In diesen Fällen erwartet der andere überhaupt keine „Vorreden" von Ihnen. Sie klären bereits im ersten Satz auf, worum es geht.

Beispiele:

- *Beachten Sie bitte: Ab 01.02.2024 gilt die neue Richtlinie.*
- *Die Stromversorgung wird am 24.06.2024 unterbrochen. Das hat folgende Auswirkungen: …*
- *Ab sofort kann am Freitag kein Firmenfahrzeug mehr ausgeliehen werden.*
- *Herr Max Muster arbeitet ab 22.09.2024 als neuer Verkaufsleiter.*
- *Ab 01.01.2024 gibt es für den Standort XY eine neue Telefonnummer.*

Wenn Sie eine Zeit oder den Sachverhalt an sich in den Mittelpunkt rücken wollen, dann können Sie durch den Satzbau ein Priorisieren ausdrücken.

Beispiele:

- *Beachten Sie bitte: Ab 01.02.2024 gilt die neue Richtlinie. – Kommentar: Der Empfänger steht im Mittelpunkt, er muss etwas beachten.*
- *Ab 01.02.2024 gilt die neue Richtlinie. Diese ist von Ihnen zu beachten. – Kommentar: Der Zeitpunkt steht im Mittelpunkt.*
- *Die neue Richtlinie gilt ab 01.02.2024. Diese ist von Ihnen zu beachten. – Kommentar: Die neue Richtlinie steht im Mittelpunkt.*

Schreibanlass: Antwort in Konfliktsituationen

Wenn es um Beschwerden, Widersprüche, Reklamationen u. Ä. geht, ist ein emotionaler Textbeginn angebracht. Der andere ist über irgendetwas verärgert. Es geht zunächst darum, die Wogen zu glätten.

In der Papierwelt galt eine Antwortzeit von 14 Tagen als legitim. Die Wahrscheinlichkeit, dass der andere sich in dieser Zeit wieder beruhigt hatte, war gegeben. In der E-Mail-Korrespondenz sind die Antwortzeiten viel kürzer. Das bedeutet, der andere ist wahrscheinlich noch sehr verärgert und Sie stoßen mit Ihrer Antwort evtl. in ein „Wespennest".

„Verbale Streicheleinheiten" am Beginn der E-Mail sind:

- *Wir bedauern, dass Sie mit unseren Leistungen nicht zufrieden sind.*
- *Ihre Verärgerung über XY kann ich nachvollziehen/verstehen.*
- *Bitte entschuldigen Sie die Verzögerungen bei …*

Beachten Sie bitte, dass diese verbalen Streicheleinheiten unterschiedliche Empathie-Stufen darstellen:

- Stufe 1: Bedauern
- Stufe 2: Hineinversetzen in den anderen: Nachvollziehen
- Stufe 3: Entschuldigen (evtl. juristisches Schuldeingeständnis)

Deeskalation durch Einfühlungsvermögen:

Mit verbalen Streicheleinheiten holen Sie den Empfänger in seiner emotionalen Situation ab. Authentisches Einfühlungsvermögen kann ein sehr wirkungsvoller Textbeginn sein, weil Sie die Situation beruhigen und der anderen Seite Wertschätzung entgegenbringen.

Diese emotionalen Formulierungen sollten glaubwürdig und nicht übertrieben sein. Wenn es nichts zu verstehen gibt, beginnen Sie den Text sachlich mit dem Verb „prüfen".

Beispiele:

- *Ihre Reklamation habe ich mit folgendem Ergebnis geprüft.*
- *Die Prüfung Ihres Anliegens ergab Folgendes: …*

In vielen Situationen können Sie eine Beschwerde auch positiv sehen. Der Kunde gibt dem Unternehmen eine Chance, sich zu verbessern.

Beispiele:

- *Danke für Ihre hilfreiche Kritik.*
- *Vielen Dank für den kritischen Hinweis.*
- *Vielen Dank für Ihre ehrliche Einschätzung.*

Sie sollten den Dank für eine Kritik oder für einen Hinweis jedoch nicht als Standard verwenden. Prüfen Sie, ob ein Dank gerechtfertigt ist. Wenn ein Kunde nur „Dampf ablässt" und vielleicht noch ausfällig wird, entsteht durch einen Dank Sarkasmus.

Sarkasmus vermeiden:

Das Bedanken darf **in keinem Fall** sarkastisch wirken.

Schreibanlass: Versenden von Anhängen

Die E-Mail ist heute im Schreiballtag oft ein Begleitschreiben geworden. Der eigentliche Text (die Rechnung, das Angebot, die Agenda, …) wird als Anhang gesendet.

Beispiele:

- *Als Anhang sende ich Ihnen die Unterlagen XY.*
- *Anbei erhalten Sie den Vertrag über …*
- *Im Anhang finden Sie mein Angebot zum Bauvorhaben.*
- *Anbei sende ich Ihnen die Rechnung zum Vortrag in …*
- *Wie gestern vereinbart, sende ich Ihnen die neuste Dokumentation XY.*

Sehr typisch ist in diesen Fällen, dass die Sätze verkürzt werden.

Beispiele:

- *Als Anhang die Unterlagen XY.*
- *Anbei der Vertrag über …*
- *Im Anhang mein Angebot zum Bauvorhaben.*
- *Anbei die Rechnung zum Vortrag in …*
- *Wie gestern vereinbart, für Sie die neuste Dokumentation XY.*

Mit diesen Formulierungen haben Sie eine kleine Erklärung für den Anlass Ihrer Korrespondenz gegeben. Mitunter, wenn mit dem Anhang nichts weiter geschehen soll, ist die E-Mail als Begleitschreiben hier auch schon zu Ende.

Das Wort „Anhang" muss im Text der E-Mail nicht erwähnt werden. Es hat nicht die rechtliche Bedeutung des Wortes „Anlage" (papierner Brief). Trotzdem ist die Formulierung „Anhang" mitunter hilfreich:

- Der Absender wird daran erinnert, den Anhang wirklich anzuhängen, bevor er auf Senden drückt.
- Der Empfänger wird den Anhang nicht übersehen.
- Beim Weiterleiten einer E-Mail gehen die Anhänge verloren. Der neue Empfänger sieht, dass es einen Anhang gab.

Schreibanlass: Dank für

Mit einem Dank am Anfang der E-Mail schaffen Sie eine positive Atmosphäre. Das Bedanken kann wie ein positiver Smiley wirken. Mit individuellen Bewertungen durch Adjektive schaffen Sie eine Wertschätzung. .

Beispiele:

- *Vielen Dank für das konstruktive Gespräch gestern.*
- *Vielen Dank für das prompte Zusenden der Unterlagen.*
- *Danke für das detaillierte Angebot.*
- *Herzlichen Dank für den erfrischenden Vortrag.*
- *Vielen Dank für Ihr persönliches Engagement.*
- *Danke für die umfangreiche Unterstützung.*
- *Danke für die detaillierten Informationen über …*
- *Vielen herzlichen Dank für Ihren kurzfristigen Einsatz als Moderator.*
- *Vielen Dank für Ihre Anfrage.*
- *Danke für den Tipp. Ich werde …*

Empfehlung: Am besten erstellen Sie für Ihre Schreibanlässe eine kleine Tabelle mit wertschätzenden Adjektiven. So können Sie Ihre E-Mail-Anfänge schnell und variantenreich erstellen.

Tabelle mit wertschätzenden Adjektiven:

freundlich, angenehm, konstruktiv, informativ, inspirierend, …	Gespräch, Telefonat
wichtig, wertvoll, detailliert, hilfreich, konkret, ausführlich, …	Information, Mitteilung
schnell, unkompliziert, umfangreich, …	Unterstützung, Hilfe
rasch, schnell, prompt, termingerecht, …	Zusenden der/des …
interessant, …	Anfrage
ausführlich, …	Angebot
überzeugend, …	Bewerbung
…	…

Bleiben Sie bitte immer bei Ihren Formulierungen authentisch.

Sehr wertschätzend ist es, wenn Sie sich für ein Vertrauen bedanken.

Beispiele:

- *Vielen Dank dafür, dass Sie unserem Unternehmen erneut Ihr Vertrauen entgegenbringen.*
- *Vielen Dank für Ihr Vertrauen.*
- *Danke, dass Sie uns eine zweite Chance geben.*

Beachten Sie bitte, dass ein Dank am Anfang nicht zur bloßen Floskel verkommt. Gibt es wirklich einen Anlass für den Dank?

Wenn der Dank als kleine Einleitung dient, um den Bezug auf einen Sachverhalt oder eine Kommunikation herzustellen, ist das eine praktische Überleitung. In kritischen Situationen kann ein Dank allerdings auch sarkastisch wirken (siehe oben).

Beispiele:

- *Vielen Dank für Ihre wertvollen Informationen.*

  (Im Ausgangsschreiben ging es aber um eine handfeste Beschwerde ohne „wertvolle" Informationen.) In diesem Fall besser:

- *Wir bedauern, dass Sie mit … unzufrieden sind.*

Der Textschluss

Der Schluss-Satz hat unter Umständen eine Langzeitwirkung. Wenn Sie die rhetorische Regel „Der erste Eindruck ist der entscheidende, der letzte bleibt" auf die E-Mail übertragen, dann sollte der Schluss-Satz unbedingt überzeugend sein.

In der E-Mail-Korrespondenz hat sich ein Wandel vollzogen. In der papiernen Korrespondenz war sehr oft als Schluss-Satz der Verweis auf den Ansprechpartner angegeben. Das ist in der E-Mail nicht falsch, aber vielleicht weniger notwendig.

Was folgt nach dem Schluss-Satz?

Die Signatur mit allen Kommunikationsangaben wie beispielsweise Telefonnummer. Für die Lesenden ist sofort alles präsent.

Im Folgenden finden Sie verschiedene Schluss-Satz-Varianten der E-Mail-Korrespondenz.

Schluss-Sätze für die Kommunikationsbeziehungen

Diese Schluss-Sätze ergeben sich nicht unbedingt aus dem Inhalt des Textes. Sie sind kommunikative Zusätze und dienen dem Ausbau der Beziehungsebene und drücken Wertschätzung aus.

Wünsche

Das Verb wünschen ist sehr gut geeignet, einen positiven Abschluss der E-Mail zu schaffen.

> *Beispiele aus dem Kalender:*
>
> - *Ich wünsche Ihnen ein schönes Wochenende.*
> - *Einen erfolgreichen Start in die neue Woche wünscht …*
> - *Ich wünsche Ihnen eine schöne Sommerzeit.*

Diese Sätze werden in der E-Mail oft verkürzt:

„Schönes Wochenende."

Beachten Sie bitte, dass auch bei diesem verkürzten Satz ein Satzschlusszeichen gesetzt wird.

Oft beziehen sich diese Wunsch-Sätze auf etwas, was außerhalb des eigentlichen Schreibanlasses liegt.

> *Beispiel Dokumentation:*
>
> *Sie haben mit einem Geschäftspartner/Bürger telefoniert. Sie benötigen von demjenigen dringend eine bestimmte*

Dokumentation. Er ist aber gerade sehr stark in die Vorbereitung einer Veranstaltung eingebunden, was sehr viel Zeit „frisst".

Sie senden Ihm nach dem Telefonat eine E-Mail, in der Sie Hilfestellungen für das Erstellen der Dokumentation geben. Ihr Schluss-Satz lautet vielleicht:

„Viel Erfolg bei Ihrer Veranstaltung."

Das Beispiel zeigt, dass es neben dem Geschäftlichen (was an erster Stelle steht) auch etwas Persönliches stehen kann. Sie zeigen mit dieser Formulierung aus dem Beispiel dem Leser an, dass Sie ihm zugehört haben und dass Sie verstanden haben: Der andere Mensch hat noch andere „Baustellen". Damit drücken Sie letzten Endes Wertschätzung aus.

Beispiele mit Erfolg:

- *Ich wünsche Ihnen eine erfolgreiche Messe in Hannover.*
- *Einen erfolgreichen Start in die neue Saison wünscht …*
- *Ich wünsche Ihnen eine erfolgreiche Prüfung.*

Beispiele mit persönlichen Wünschen:

- *Ich wünsche Ihnen gute Besserung.*
- *Ich wünsche Ihnen, dass Sie schnell wieder auf die Beine kommen.*

Dank

Wenn Sie am Schluss des Textes sich bedanken, dann ist das mit Sicherheit ein positiver Abschluss. Dank-Formulierungen werden in der Praxis sehr häufig auf Kurzsätze reduziert. Achten Sie darauf, dass auch hier ein Satzschlusszeichen steht.

Beispiele:

- *Ich danke Ihnen schon jetzt für Ihre große Hilfe.*
- *Vielen Dank für Ihre Unterstützung.*
- *Vielen Dank im Voraus.*
- *Vielen Dank.*
- *Danke.*

Achtung! Verzichten Sie bei solchen emotionalen E-Mail-Abschlüssen auf das Ausrufezeichen. Sie wollen nicht ausdrücken, dass etwas wichtig ist oder dass der andere etwas beachten soll. Es geht vielmehr um eine freundliche Geste.

Freude ausdrücken

Mit dem Verb „freuen" signalisieren Sie am Schluss der E-Mail eine positive Einstellung auf ein zukünftiges Ereignis. Das kann etwas sehr Persönliches sein:

Beispiele:

- *Ich freue mich, Sie auf der Messe kennen zu lernen.*
- *Ich freue mich auf die Zusammenarbeit im Projekt.*

Des Weiteren wird dieser Schlussgedanke auch sehr häufig in Einladungen verwendet.

Beispiele:

- *Ich freue mich auf Ihre Teilnahme.*
- *Wir freuen uns auf einen interessanten Erfahrungsaustausch.*
- *Wir freuen uns auf Ihre Präsentation.*

Empfehlung: Mit diesem Schluss-Satz können Sie diplomatisch eine Terminerinnerung anbringen:

„Ich freue mich auf unser Gespräch am … in …"

„Ich freue mich auf Ihre Antwort."

„Ich freue mich auf ihre Zuarbeit bis zum Ende der Woche."

Vermeiden Sie Floskeln!

Lassen Sie den Schluss-Satz mit „wünschen", „danken" oder „freuen" nicht zu einer Floskel verkommen.

Entscheiden Sie, wo es ehrlich gemeint ist. Je mehr Wissen über konkrete Situationen Sie einfließen lassen, desto wertschätzender ist Ihr E-Mail-Schluss.

Kurzsätze enden auch mit einem Satzschlusszeichen, am besten mit einem Schlusspunkt.

Schluss-Sätze als Aufforderungen

Wenn Sie mit E-Mails Arbeitsprozesse managen, dann ist ein Schlusssatz mit den Gedanken „Wie geht es weiter? Was sind die nächsten Schritte?" am besten geeignet.

Beispiele:

- *Ich benötige bis … die genauen Außenmaße. Ansonsten kann ich den Transport nicht organisieren.*
- *Sende bitte das Protokoll unbedingt auch an den Innendienst. Nur so können sie schnell reagieren.*
- *Besuchen Sie uns am besten auf unserem Messestand. Dort stelle ich Ihnen die Einzelheiten gern vor.*
- *Bitte senden Sie den unterschriebenen Vertrag bis … zurück.*

Dort, wo es angebracht ist, verbinden Sie eine Aufforderung mit einem Termin. So können Sie am besten den Prozess kontrollieren.

Mitunter ist es in der E-Mail diplomatisch, das Adjektiv „zeitnah" zu verwenden. Das kann beispielsweise dann der Fall sein, wenn Sie an einen Vorgesetzten schreiben und ein konkreter Termin eher unhöflich ist. Beispiel:

„Ich benötige zeitnah die Zahlen für Ihre Präsentation."

Diplomatische Abstufungen

Wenn Sie Aufforderungen formulieren, sind diplomatische Abstufungen möglich:

1. Ich bitte Sie, die Unterlagen bis … nachzureichen. (sehr höfliche Formulierung)
2. Bitte reichen Sie die Unterlagen bis … nach. (freundliche Aufforderung)
3. Ich fordere Sie auf, die Unterlagen bis … nachzureichen. (Aufforderung mit Nachdruck)

4. Sollten Sie die Unterlagen bis … nicht nachreichen, werden wir nach Aktenlage entscheiden. (Aufforderung mit Konsequenzen)

Sie können eine Aufforderung auch mit Wertschätzung verbinden, nämlich mit einem Dank.

„Bitte sende mir die Präsentation bis morgen Mittag. Vielen Dank."

„Reichen Sie die Unterlagen bis … nach. Vielen Dank im Voraus."

Welche Botschaft soll vermittelt werden?

Wägen Sie in der Kommunikationssituation ab, mit wie viel Freundlichkeit oder Nachdruck Sie am Schluss der E-Mail auftreten wollen.

Schluss-Sätze mit Angeboten

Wenn es darum geht, in einem Prozess eine Lösung anzustreben, ist ein Schluss-Satz mit folgenden Verben angebracht.

Beispiele:

- *Ich biete Ihnen ein klärendes Gespräch an. Unterbreiten Sie uns bitte dazu einen Terminvorschlag.*
- *Wir bieten Ihnen eine Fristverlängerung bis … an. Informieren Sie uns bitte über Ihre Entscheidung.*
- *Ich empfehle Ihnen, sich mit einem unabhängigen Gutachter abzustimmen.*
- *Aus Kulanz bieten wir Ihnen eine kostenlose Reparatur an.*

Wenn Sie selbst ein Angebot unterbreiten, ist aus rechtlichen Gründen die E-Mail zurzeit in vielen Fällen nur das Begleitschreiben. Das eigentliche Angebot mit den Zahlen, Daten, Fakten wird als PDF-Anhang versendet.

Im Begleitschreiben stehen eher kommunikative Floskeln, wie zum Beispiel: „Vielen Dank für Ihre Anfrage. Wunschgemäß unterbreiten wir Ihnen ein Angebot über … (siehe Anhang)."

In diesem Zusammenhang ist interessant, wie der Schluss-Satz kundenorientiert formuliert wird.

Beispiele:

- *Wir halten uns an unser Angebot bis … Bitte informieren Sie uns über Ihre Entscheidung.*
- *Unser Angebot sagt Ihnen zu? – Wir freuen uns auf Ihre Bestellung.*
- *Wir würden uns über Ihren Auftrag freuen.*
- *Wir würden uns freuen, wenn wir unsere erfolgreiche Zusammenarbeit fortsetzen.*

Bei den letztgenannten Schluss-Sätzen ist der Konjunktiv (Möglichkeitsform) mit dem Verb „würden" nicht unumstritten (vgl. auch Seite 101 ff.). Mit dem Konjunktiv bringen Sie eine Unsicherheit in die Aussage. Andererseits gibt es Situationen, in denen jemand sehr höflich und zuvorkommend schreibt, zum Beispiel bei Erstkunden.

Hoffnung zeigen:

Mit den Verben „würden + freuen" können Sie eine Hoffnung ausdrücken. Diese Formulierungen sind dann angebracht, wenn Sie die „schlechteren Karten haben".

Schluss-Sätze mit Verständnis

Mitunter verfassen Sie vielleicht E-Mails, in denen Sie etwas ablehnen oder zurückweisen. In diesen Situationen gibt es keinen positiven Abschluss, aber Sie können emotional den Text beenden, in dem Sie um Verständnis bitten.

Beispiele:

- *Bitte haben Sie Verständnis für unsere Entscheidung.*
- *Bitte haben Sie Verständnis dafür, dass wir bei dieser Rechtslage keinen anderen Handlungsspielraum haben.*
- *Wir hoffen auf Ihr Verständnis.*

Danke für Ihr Verständnis?

Sie können Verständnis nicht voraussetzen. Deshalb sind Formulierungen wie „Vielen Dank für Ihr Verständnis" in aller Regel falsch. **Sie bitten um Verständnis**.

Schluss-Sätze mit Ansprechpartner

Bevor Sie einen Schluss-Satz mit einem Ansprechpartner angeben, wägen Sie bitte ab, ob das notwendig ist:

- Ist der Ansprechpartner allgemein bekannt?
- Ist das genau die Person, die in der Signatur steht?
- Geht es um mehr als das Beantworten von Fragen? Geht es auch um eine Beratung?

Beispiele:

- *Bei Fragen rund um das Thema … sprechen Sie mich bitte an. Ich berate Sie gern.*
- *Bei Fragen zur technischen Umsetzung wenden Sie sich bitte an Herrn Max Muster (Tel. 1234567). (Herr Muster ist nicht die Person, die in der Signatur steht.)*
- *Sie wünschen weitere Informationen über …? Ich berate Sie gern.*
- *Sie haben weitere Fragen? – Ich nehme mir gern Zeit für Sie.*
- *Wenn Sie weitere Hinweise oder Anregungen haben, wenden Sie sich bitte wieder vertrauensvoll an mich.*

Wenn andere Schluss-Sätze, wie zum Beispiel eine Aufforderung, in Ihrer E-Mail besser geeignet sind, dann verzichten Sie auf den Gedanken mit dem Ansprechpartner. In der Signatur stehen schließlich alle Angaben zum Kontakt.

> **Sie korrespondieren auf Augenhöhe:**
>
> Sie verwenden im Schluss-Satz in keinem Fall die alte untertänige Wendung „zur Verfügung stehen".
>
> Verwenden Sie stattdessen Verben: beraten, weiterhelfen, ansprechen, … (vgl. Seite 16).

Übung:

Bewerten Sie bitte die folgenden Schluss-Sätze in sprachlich-kommunikativer Hinsicht. Sind diese geeignet, die E-Mail wirkungsvoll abzuschließen?

1. *Sie benötigen den unterschriebenen Vertrag zurück. Schluss-Satz:*

   „Ich freue mich auf Ihre Antwort."

2. *Sie können eine Leistung aufgrund von … für den Kunden nicht erbringen. Schluss-Satz:*

   „Vielen Dank für Ihr Verständnis."

3. *Sie fordern Kunden auf, eine bestimmte Richtlinie ab … unbedingt einzuhalten. Schluss-Satz:*

   „Bei Fragen rufen Sie mich bitte an."

4. *Sie fordern einen Bürger auf, im Zusammenhang mit der Antragsbearbeitung ein Dokument nachzureichen. Schluss-Satz:*

   „Ihre Fragen beantworte ich gern."

5. *Sie haben ein Terminangebot unterbreitet und benötigen eine Bestätigung. Schluss-Satz:*

   „Bitte bestätigen Sie den Termin."

Lösungen:

Alle genannten Schluss-Sätze sind selbstverständlich nicht falsch, aber können optimiert werden.

1. *Sie benötigen den unterschriebenen Vertrag zurück. Schluss-Satz:*

   „Ich freue mich auf Ihre Antwort."

   → *„Bitte senden Sie den unterschriebenen Vertrag bis … zurück."*

   - **Kommentar:** *Der Abschluss mit „Ich freue mich …" ist zwar sehr freundlich, aber auch unverbindlich. Besser ist hier eine höfliche Aufforderung mit einer Terminsetzung.*

2. *Sie können eine Leistung aufgrund von … für den Kunden nicht erbringen. Schluss-Satz:*

   „Vielen Dank für Ihr Verständnis."

   → *„Wir bitten Sie um Verständnis."*

   - **Kommentar:** *Sie können mit sehr großer Wahrscheinlichkeit kein Verständnis voraussetzen. Deshalb ist eine Bitte um Verständnis kommunikativ besser.*

3. *Sie fordern Kunden auf, eine bestimmte Richtlinie ab … unbedingt einzuhalten. Schluss-Satz:*

   „Bei Fragen rufen Sie mich bitte an."

   → *„Bitte halten Sie die neue Richtlinie ab … unbedingt ein."*

   - **Kommentar:** *Mit der Angabe des Ansprechpartners bei Fragen verwässern Sie u. U. ihr eigentliches Anliegen. Der letzte Satz sollte Verbindlichkeit ausstrahlen.*

4. *Sie fordern einen Bürger auf, im Zusammenhang mit der Antragsbearbeitung ein Dokument nachzureichen. Schluss-Satz:*

   „Ihre Fragen beantworte ich gern."

   → *„Bitte reichen Sie das Dokument bis … nach."*

   - ***Kommentar:*** *Der ursprüngliche Schluss-Satz klingt zwar bürgerfreundlich, ist aber nicht notwendig. In der Signatur stehen alle Angaben. Besser ist es, das Nachreichen der Dokumente am Schluss zu betonen. Nur so kann der Antrag schnell weiterbearbeitet werden. Das ist im Interesse des Bürgers (= bürgerfreundlich).*

5. *Sie haben ein Terminangebot unterbreitet und benötigen eine Bestätigung. Schluss-Satz:*

   „Bitte bestätigen Sie den Termin."

   → *„Bitte bestätigen Sie den Termin (bis zum …). Vielen Dank."*

   - ***Kommentar:*** *Sie möchten den Termin bestätigt haben. Ein Dank am Ende kann das befördern. Vielleicht setzen Sie auch noch einen Termin.*

Grußformen

Bei der Formulierung der Grußform haben Sie in der Regel keinen großen Handlungsspielraum, wenn diese Form mit der Signatur verbunden und dort fest verankert ist. Das sind dann Vorgaben Ihres Unternehmens bzw. Ihrer öffentlichen Verwaltung (Corporate Design).

Wenn Sie einen Handlungsspielraum haben, dann stimmen Sie die Grußform mit der Anredeform ab. Zur Anrede „Sehr geehrte Frau Dr. Meier," passt nicht „Liebe Grüße" und zur Anrede „Hallo, Herr Meier," passt nicht der Gruß „Mit freundlichen Grüßen". Folgende Grußformen sind u. a. möglich:

Beispiele:

- *Mit freundlichen Grüßen*
- *Freundliche Grüße*
- *Viele oder beste Grüße*
- *Liebe Grüße*
- *Herzliche Grüße*
- *Viele Grüße aus … oder nach …*
- *Sonnige Grüße aus Baden*
- …

Grußform ohne Satzzeichen:

Die Grußform endet im Deutschen stets ohne Satzzeichen.

Auf den Punkt gebracht

1. Präzise Formulierungen sichern Lese-Erfolg

Die Betreff-Formulierungen spielen in der E-Mail-Korrespondenz eine entscheidende Rolle für den Beginn des Leseprozesses: „E-Mail öffnen oder später öffnen oder nicht öffnen."

Sie können mit präzisen Formulierungen und Handlungsorientierungen ein Priorisieren beim Empfänger unterstützen oder überhaupt erst ermöglichen.

Die Formulierung „zur Info" hilft dem Empfängerkreis insofern, dass er weiß, dass hier nichts „anbrennt".

Beachten Sie beim Antworten, dass Sie nur sachliche Betreffzeilen übernehmen.

2. Die Anrede

Die Anredeformen entscheiden nach dem Öffnen der E-Mail über die kommunikative Stimmung. Sie halten die grundsätzlichen Etikette-Regeln und die für Ihren jeweiligen Bereich geltenden Vorgaben ein. Sie nutzen andererseits weniger förmliche Anreden, um die Qualität der Geschäftsbeziehung darzustellen.

Weniger Förmlichkeit erreichen Sie, indem Sie vor die Anredeformen eine Begrüßung stellen.

Mit der E-Mail-Korrespondenz entsteht durch die Begrüßung und die Anrede eine viel größere Individualität und damit mehr Empfängerorientierung.

Wir empfehlen gendergerechte Anreden, die nicht durch den Duden abgedeckt sind, zu tolerieren. Umgekehrt sollten aber auch die anderen korrekten Formen toleriert werden. Es kann also nicht falsch sein, wenn sich jemand an die amtlichen Regeln hält.

3. Die optimale Einleitung

Was am Anfang der E-Mail, am Anfang des Satzes steht, bringt den Leser zum Weiterlesen oder nicht.

Überlegen Sie, was die wichtigste Botschaft für den Empfänger ist:

der Hinweis auf den Prozessverlauf, der freundliche Dank als Wertschätzung, ein Einfühlungsvermögen zum Glätten der emotionalen Wogen, …

Schreiben Sie eine kurze und freundliche Einleitung bzw. Überleitung zum Hauptteil. Am besten umfasst die Einleitung nur ein bis zwei Sätze.

4. Ein Schluss-Satz!

In der E-Mail ist der Schluss-Satz mit dem Ansprechpartner auf dem Rückzug. Andere Schluss-Sätze, die die Beziehungsebene stärken, werden wichtiger. Des Weiteren geht es im Schluss der E-Mail oft um nächste Schritte in einem Handlungsprozess.

Wenn Sie dem Empfänger Wertschätzung entgegenbringen möchten, formulieren Sie **einen** Schluss-Satz mit Ausstrahlung und „Ausblick".

5. Grußform entsprechend der Anrede

Nutzen Sie bitte die in der Signatur vorgegebene Grußform. Wenn Sie keine Vorgaben haben, dann stimmen Sie die Grußform auf die Anrede ab.

Stilistische Tendenzen

Handelnde Personen

In der Korrespondenz signalisieren die persönlichen Fürwörter (Personalpronomen), wer der Handlungsträger ist, wer angesprochen ist und letztendlich wer die Verantwortung trägt. Dabei ist im Übergang von der papiernen Korrespondenz zur E-Mail-Korrespondenz ein Wechsel vom „wir" zum „ich" zu beobachten – ohne dass die eine Form die andere vollständig abgelöst hat.

Wir-Stil

Diese Form ist notwendig, wenn Sie im Text als Unternehmen auftreten. In der papiernen Korrespondenz war und ist diese Form angezeigt, wenn zwei Unterschriften unter dem Brief aufgeführt stehen. Eine Ich-Form ist dann im Text nicht möglich.

Da in der E-Mail-Korrespondenz nur eine Signatur angegeben wird, ist dieser Hinderungsgrund nicht mehr gegeben.

> *Beispiele:*
>
> - *Bei Fragen rund um das Thema Schmierstoffe wenden Sie sich bitte an mich. Ich berate Sie gern.*
> - *Viele Grüße*
> - *Franka Muster*
> - *Gebietsleiterin …*

Des Weiteren geht es bei der Entscheidung „wir" oder „ich" um ein rechtliches Problem. Was darf der einzelne Mitarbeiter entscheiden? Bis zu welcher Summe darf er etwas anbieten, verkaufen, bestellen, ...?

Beispiel:

- *Wir bieten Ihnen die Produkte XY mit einer 5-jährigen Garantie an.*

In diesem Zusammenhang kommt oft die Frage auf, ob in einem Text zwischen „wir" und „ich" gewechselt werden darf. Das ist im Gegensatz zu einem Brief mit zwei Unterschriften in einer E-Mail möglich.

Beispiele:

- *Wir bieten Ihnen die Produkte XY mit einer fünf-jährigen Garantie an. ...*
- *Ich freue mich, Sie in der nächsten Woche auf der Messe in Hannover kennen zu lernen.*

Der Außendienstmitarbeiter kann die 5-jährige Garantie nur im Sinne seines Unternehmens anbieten (rechtlicher Aspekt). Er kann aber im Schluss-Satz die persönliche Beziehung stärken, indem er die Ich-Form verwendet.

Die Wir-Form entfaltet ihr sprachliches Potenzial, wenn wirklich das Unternehmen als Ganzes gemeint ist. (Wir = Unternehmen) Dann steht das Unternehmen als Handlungsträger im Mittelpunkt.

Beispiele:

- *Unser Unternehmen plant im neuen Jahr den Neubau einer Versorgungsleitung in …*
- *Wir (= Firma) werden im nächsten Jahr folgende Produkte aus dem Sortiment nehmen.*

In der Öffentlichen Verwaltung wird die Wir-Form vor allem dann eingesetzt, wenn die gesamte Behörde (juristische Person) gemeint ist.

Beispiele:

- *Die Gemeinde XY beteiligt sich an …*
- *Der Landkreis plant …*
- *Der Freistaat fördert …*

> **!**
>
> **„Wir-Form":**
>
> Die Wir-Form verwenden Sie in der E-Mail-Korrespondenz vor allem dann, wenn das Handeln über die Ich-Form juristisch nicht abgedeckt ist.
>
> Darüber hinaus können Sie mit dieser Form Ihr Unternehmen bzw. Ihre Behörde als Handlungsträger in den Mittelpunkt rücken.

Ich-Form

Wenn Sie in dieser Form korrespondieren, erhält die E-Mail eine persönliche Ausstrahlung. Besonders in Schluss-Sätzen bleibt eine persönliche Note eher im Langzeitgedächtnis haften als eine allgemeine Wir-Form. Vergleichen Sie:

Beispiele:

- *Ich wünsche Ihnen viel Erfolg auf der Messe in …*
- *Wir wünschen Ihnen viel Erfolg auf der Messe in …*
- *Ich freue mich auf unseren Termin nächste Woche.*
- *Wir freuen uns auf den Termin nächste Woche.*
- *Wer ist „wir“? Ich = Ansprechpartner.*

Darüber hinaus übernehmen Sie mit der Ich-Form Verantwortung für ein Handeln. Das kann einerseits beim Empfänger positiv ankommen. Andererseits kann das auch zum Eigentor werden. Vielleicht ist es dann besser, aus taktischen Gründen in die Wir-Form zu wechseln.

Beispiele:

- *Ich sende Ihnen das Material mit der Post. (Unproblematische Verwendung der Ich-Form)*
- *Ich habe Ihre Reklamation geprüft. (Problematische Verwendung der Ich-Form)*
- *Besser: Wir haben Ihre Reklamation geprüft. Oder:*
- *Unsere Techniker haben Ihre Reklamation geprüft.*

!

Ich-Form im Schluss-Satz:

Die Ich-Form verleiht Ihrer Korrespondenz eine persönliche Note. Setzen Sie diese Form vor allem im Schluss-Satz ein. Beachten Sie dabei jedoch Ihren Tätigkeitsbereich.

Ich-Form in der Öffentlichen Verwaltung

In der Öffentlichen Verwaltung wird in vielen Briefen bereits die Ich-Form verwendet. Dabei signalisiert der Unterschriftszusatz „im Auftrag" (nicht abgekürzt geschrieben), dass der Verwaltungsbeamte im Auftrag der Behörde (Oberbürgermeister, Landrat, …) schreibt.

Der Verwaltungsbeamte spricht zum Beispiel in einem Bescheid Recht. „Ich ordne an." „Ich übe Ermessen aus." „Ich lege fest, …" Deshalb ist die Verwendung der Ich-Form angemessen und korrekt.

Wenn der Verwaltungsakt auch elektronisch übermittelt werden kann (S. 43 ist auch in der E-Mail-Korrespondenz der Öffentlichen Verwaltung die Verwendung der Ich-Form notwendig/möglich).

Wenn es um allgemeine E-Mail-Korrespondenz geht (zum Beispiel um eine Auskunft), dann kann der Mitarbeiter der Öffentlichen Verwaltung selbstverständlich die Ich-Form wählen.

> *Beispiele:*
>
> - *Ich sende Ihnen als Anhang die entsprechenden Antragsformulare.*
> - *Ich empfehle Ihnen, einen Antrag auf Fristverlängerung zu stellen.*

Wenn allerdings die Verwaltung als Ganzes gefragt ist, schreiben Sie nicht in der Ich-Form (s. Wir-Form).

Der Landkreis plant den Bau einer Umgehungsstraße im Jahre 2025. (Nicht: Ich plane … – außer Sie sind der Landrat persönlich.)

Sie-Form

Mit der Sie-Form stellen Sie den Empfänger in den Mittelpunkt, deshalb realisiert diese Form der Korrespondenz am besten den Qualitätsanspruch „Empfängerorientierung".

Beispiel:

- *Ich sende Ihnen den Vertrag XY.*
  - *Besser: Sie erhalten den Vertrag XY.*

In dem Beispiel wird deutlich: Es ist für die Wirkung Ihres Textes nicht so wichtig, dass der Einzelne (Ich-Form) etwas sendet. Vielmehr ist es wichtig, dass der Empfänger feststellt, dass er etwas bekommt.

Des Weiteren geht es bei Handlungen darum zu zeigen, wer der Handlungsträger ist.

Beispiel:

- *Ich bitte Sie, die Unterlagen bis … zurückzusenden.*
  - *Besser: Senden Sie bitte die Unterlagen bis … zurück.*

Mit der Sie-Form wird deutlich, dass die Handlungskonsequenz beim Empfänger liegt.

Wenn Sie allerdings an Vorgesetzte schreiben, ist die Ich-Form besser, weil diplomatischer. Sie können Vorgesetzte in der Regel nicht mit der Sie-Form auffordern.

Beispiel:

- *Bitte senden Sie mir die Unterlagen bis …*
- *(an Vorgesetzte unter Umständen kritisch)*
  - *Besser: Ich benötige die Unterlagen bis …*

Der Leser im Mittelpunkt:

Die Sie-Form rückt den Leser in den Mittelpunkt und realisiert am besten Empfängerorientierung.

Passiv-Formen

Mit der grammatischen Form „Passiv" blenden Sie zunächst den Handlungsträger aus.

Beispiele:

- *Ihre Reklamation wurde geprüft. (Vorgangspassiv)*
- *Die Reparatur ist bereits erfolgt. (Zustandspassiv)*

Wer die Prüfung vorgenommen hat bzw. die Reparatur ausgeführt hat, ist in den Beispielen nicht erkennbar. Die Wirkung solcher Passiv-Formen: **unpersönlich**.

Es wird der Vorgang bzw. der Zustand in den Mittelpunkt gerückt. Das kann punktuell in einem Text durchaus hilfreich sein. Es ist vielleicht nicht wichtig, wer gehandelt hat, sondern das Ergebnis steht im Mittelpunkt.

Eine Umkehrung der unpersönlichen Wirkung erzielen Sie, wenn Sie den Handlungsträger als Objekt des Satzes ergänzen.

Beispiel:

- *Ihre Reklamation wurde von unseren Fachleuten im Hauptwerk geprüft.*

Mit der Formulierung „von unseren Fachleuten im Hauptwerk" stellen Sie mit dieser Form die Handlungsträger wieder besonders in den Vordergrund.

Sparsamer Einsatz von Passiv-Formen:

Passiv-Formen wirken oft unpersönlich. Deshalb sollten diese den Text nicht dominieren.

Punktuell eingesetzt, können diese Formen ihre stilistische Wirkung im Sinne von „Sachlichkeit" entfalten.

Übung:

Entscheiden Sie bei den folgenden Sätzen, ob die Ich-Form geeignet ist oder besser eine andere Form (wir, Sie, Passiv) verwendet werden soll.

(1) Ich bitte Sie, die neuen Regelungen unbedingt zu beachten.

(2) Ich reiche die Unterlagen bis … nach.

(3) Ich bestätige Ihnen den fristgerechten Eingang Ihrer Kündigung.

(4) Ich sende Ihnen die Musterverträge bis …

(5) Ich habe den Vertrag geprüft.

(6) Ich benötige Ihre Zuarbeit bis …

(7) Ich bitte Sie, die folgenden Anpassungen vorzunehmen.

(8) Ich bitte Sie, einen Termin zu vereinbaren.

Lösungen:

Grundsätzlich: Alle Formen sind in der Ich-Form möglich.

(1) Ich bitte Sie, die neuen Regelungen unbedingt zu beachten.

Besser: Bitte beachten Sie …

Kommentar: stärkere Empfängerorientierung.

(2) Ich reiche die Unterlagen bis … nach. (i. O.)

(3) Ich bestätige Ihnen den fristgerechten Eingang Ihrer Kündigung. (i. O.)

Passiv auch möglich: Ihre Kündigung ist fristgerecht eingegangen.

(4) Ich sende Ihnen die Musterverträge bis …

Besser: Sie erhalten die Musterverträge bis …

Kommentar: Der Empfänger steht im Mittelpunkt.

(5) Ich habe den Vertrag geprüft.

Kommentar: Sie übernehmen mit der Ich-Form Verantwortung. Bessere juristische Absicherung mit der Wir-Form.

Wir haben den Vertrag geprüft.

Passiv auch möglich: Der Vertrag wurde (von unseren Juristen) geprüft.

(6) Ich benötige Ihre Zuarbeit bis … (i. O.)

(7) Ich bitte Sie, die folgenden Anpassungen vorzunehmen.

Besser: Nehmen Sie bitte die folgenden Anpassungen vor.

Kommentar: stärkere Empfängerorientierung.

(8) Ich bitte Sie, einen Termin zu vereinbaren.

Besser: Vereinbaren Sie bitte einen Termin.

Kommentar: stärkere Empfängerorientierung.

Aufforderungen mit Diplomatie

In der Korrespondenz geht es oft um die Frage, wie eine Aufforderung mit dem „richtigen Ton" sprachlich dargestellt werden kann. Sie wollen einerseits etwas erreichen. Andererseits können Sie aufgrund Ihrer Stellung nicht immer fordernd auftreten. Die E-Mail-Korrespondenz nimmt in der internen Kommunikation eines Unternehmens bzw. einer Behörde eine zentrale Position ein. In diesem Zusammenhang sind diplomatische Aufforderungen sehr wichtig. Folgende Stufen sind möglich.

Stufe 1 – Konjunktivformen

In der alten förmlichen Korrespondenz war die Verwendung von Konjunktivformen üblich. Diese Formulierungen waren Ausdruck einer besonderen Form der Höflichkeit.

Beispiele:

- *Wären Sie so nett und senden Sie mir bitte die Unterlagen bis morgen?*
- *Ich wäre sehr erfreut, wenn Sie unser Angebot annehmen.*

Diese Formen sind in der Korrespondenz im Allgemeinen nicht mehr üblich.

Des Weiteren sind die folgenden Höflichkeitseinleitungen in der E-Mail-Korrespondenz entbehrlich geworden.

Beispiele:

- *Ich möchte Sie bitten, die Unterlagen zu unterschreiben.*
- *Ich möchte Ihnen mitteilen, dass …*
- *Könnten Sie mir bitte noch einmal die Unterlagen senden.*

Allerdings sind Formulierungen mit „würden freuen" teilweise auch heute freundliche und höfliche Formulierungen.

Beispiele:

- *Ich würde mich freuen, wenn Sie die Unterlagen bis morgen nachreichen. (schwache, aber sehr höfliche Formulierung)*
- *Ich würde mich freuen, wenn wir auch im nächsten Jahr zusammenarbeiten. (höfliche Formulierung).*

Mit „würden freuen" drücken Sie eine Hoffnung aus. Das ist immer dann stilistisch richtig, wenn die Empfänger einen weiten Handlungsspielraum haben.

Konjunktivformen:

Die Verwendung von Konjunktivformen im Zusammenhang mit Aufforderungen rückt heute in der E-Mail-Korrespondenz in den Hintergrund. Es sind in der Regel sehr höfliche Formulierungen, die verwendet werden können, wenn Sie in einer schlechten „Verhandlungsposition" sind. Sie haben die „schlechteren Karten". Dann wirken diese Formen diplomatisch.

Stufe 2 – Ich-Stil mit „bitten"

Eine Aufforderung in der Ich-Form mit dem Verb „bitten" wirkt höflich und zuvorkommend.

> *Sehr höfliche Aufforderungen:*
> - *Ich bitte Sie, die Unterlagen bis morgen nachzureichen.*
> - *Ich bitte Sie, die neue Regelung XY zu beachten.*
> - *Ich bitte Sie, den Termin zu verschieben.*
> - *Ich bitte Sie, die Rechnung zu prüfen.*
> - *Ich bitte Sie, den Fehler … zu suchen.*

Wenn ein Vorgesetzter in der Ich-Form eine Aufforderung formuliert, liegt selbstverständlich ein ganz anderer Nachdruck dahinter, als wenn das ein Mitarbeiter auf Augenhöhe formuliert. Umgekehrt ist die Ich-Form in der Mitarbeiter-Vorgesetzen-Kommunikation eine diplomatische Form der Aufforderung.

> *Schreiben an Vorgesetzte:*
> - *Ich benötige die Unterlagen XY für Ihre Präsentation bis morgen.*
> - *Ich brauche (benötige) unbedingt die Zahlen für die termingerechte Vorbereitung der Vorstandspräsentation.*

Solchen diplomatischen Aufforderungen können sich auch Vorgesetzte in der Regel schwer entziehen.

Ich-Form bei Aufforderungen:
Die Ich-Form bei Aufforderungen ist sehr höflich und diplomatisch.

Stufe 3 – Aufforderungen mit „Sie"

Mehr Nachdruck erreichen Sie in Ihrer Korrespondenz, wenn Sie die Lesenden direkt ansprechen (Sie-Form) und sie auffordern.

Direkte Aufforderungen

- *Bitte reichen Sie die Unterlagen bis morgen nach.*
- *Bitte beachten Sie die neue Regelung XY.*
- *Bitte verschieben Sie den Termin.*
- *Bitte prüfen Sie die Rechnung.*
- *Bitte suchen Sie den Fehler …*

In diesen Sätzen können Sie das Zauberwort „bitte" flexibel einsetzen. Am Satzanfang erzeugt „bitte" eine höfliche Wirkung. Wenn Sie das Zauberwort in den Satz verschieben, steht das Verb und damit die Aufforderung im Vordergrund. Sie können „bitte" auch weglassen. Dann kommt mehr Nachdruck in die Aussage. Vergleichen Sie:

Beispiele:

- *Bitte beachten Sie die neue Regelung XY. (höflich)*
- *Beachten Sie bitte die neue Regelung XY. (höflich mit Nachdruck)*
- *Beachten Sie die neue Regelung. (mit Nachdruck)*

Korrespondenz auf Augenhöhe:

Mit der Sie-Form stellen Sie die Handlung des Empfängers in den Mittelpunkt. Diese Formen sind in der E-Mail-Korrespondenz alltäglich geworden. Sie präsentieren Korrespondenz auf Augenhöhe.

Stufe 4 – Aufforderungen mit Nachdruck und Konsequenzen

Mitunter gibt es Situationen, in denen Sie den Nachdruck weiter verstärken müssen, in denen auch Konsequenzen deutlich werden müssen. Sprachlich ist dann die Ich-Form wieder möglich, aber nicht mit „bitten", sondern mit dem Verb „auffordern" bzw. „hinweisen".

Die Einleitung mit dem Konjunktiv „Sollten Sie …" droht Konsequenzen an.

Beispiele:

- *Ich fordere Sie auf, die Unterlagen bis morgen nachzureichen.*
- *Ich weise darauf hin, dass die neue Regelung XY zu beachten ist.*
- *Sollten Sie den Termin nicht verschieben, können nicht alle Entscheidungsträger teilnehmen.*
- *Ich weise Sie an, die Rechnung zu prüfen.*
- *Sollten Sie den Fehler nicht finden, müssen wir das Produkt vom Markt nehmen.*

Formulierungen mit Nachdruck sind von der Beziehung zum Empfänger abhängig:

Die Verwendung dieser Formulierungen machen Sie bitte unbedingt von Ihren Kommunikationsbeziehungen abhängig. Ob Sie wirklich in diese Stufe gehen, hängt von folgenden Faktoren ab.

- Schreibe ich an einen Kunden erstmalig in einem Sachverhalt oder ist das ein „Wiederholungstäter"?
- Schreibe ich an einen Mitarbeiter auf Augenhöhe oder an einen Vorgesetzten?

Wenn Sie alle Stufen in Ihrer Komplexität betrachten, ergibt sich zum Beispiel im Zahlungsverkehr folgende Reihenfolge:

Eskalationsstufen im Zahlungsverkehr:

- ***Rechnung:*** *Wir bitten Sie, den Rechnungsbetrag bis … zu überweisen.*
- ***Erinnerungsschreiben:*** *Bitte überweisen Sie den Rechnungsbetrag bis …*
- ***Mahnung:*** *Überweisen Sie den Rechnungsbetrag bis …*
- ***Letzte Mahnung:*** *Sollten Sie den Rechnungsbetrag bis … nicht überweisen, werden wir gerichtliche Schritte einleiten.*

In der E-Mail-Korrespondenz treten vor allem zwei Fehler auf.

1. Der Absender bleibt bei mehreren Schreiben zu einem Sachverhalt immer bei „Ich bitte Sie …". Es erfolgt kein weiterer Nachdruck.
2. Der Absender schreibt gleich in der ersten E-Mail „Sollten Sie …" Das heißt, die Person schießt über das Ziel hinaus.

Leichte oder Einfache Sprache?

In der E-Mail-Korrespondenz benötigen wir eine Sprache, die einerseits verständlich und schnell zu lesen ist, aber andererseits auch fachlich korrekt sein muss.

In der öffentlichen Diskussion finden Sie gegenwärtig vor allem zwei Begriffe.

Leichte Sprache (auch „barrierefreie Sprache" genannt)

wird eingesetzt beim Spracherwerb (zum Beispiel bei Menschen mit Lernschwierigkeiten oder Lernbehinderungen). Darüber hinaus wird Leichte Sprache in Anleitungstexten verwendet.

Beispiele:

- *Wenn jemand ein Auto anmelden möchte, sollte das möglich sein – unabhängig von seiner sprachlichen Fähigkeit.*
- *Wenn jemand eine Kaffee-Maschine kauft, sollte jeder Mensch diese in Betrieb nehmen können.*

Einfache Sprache

Einfache Sprache ist geeignet, Fachtexte (die auch juristisch geprägt sind), in einem verständlichen Deutsch darzustellen.

> *Beispiel: Einfache Sprache:*
>
> - *Wenn ein Mieter eine Betriebskostenabrechnung erhält, sollte diese einerseits verständlich sein. Aber andererseits muss dieser Text auch einer juristischen Auseinandersetzung standhalten.*

Die folgende Tabelle zeigt die Differenzierungen zwischen „Leichter Sprache" und „Einfacher Sprache":

	Leichte Sprache	Einfache Sprache
Satzbau	keine Nebensätze	Nebensätze möglich
Satzlänge	bis sieben Wörter	bis zu zwei Zeilen bzw. 17 Wörtern
Einsatz von Fachwörtern	nein, werden vermieden, da schwer zu verstehen	ja (juristisch notwendig)
Wortlänge	begrenzt (sieben – acht Buchstaben)	keine Begrenzung, aber Einsatz vom Kurzstrich zur Wortgliederung
Einsatz von Bildern und Piktogrammen, Zeichen, …	ja, wird gefordert	möglich, aber nicht im Vordergrund

Diese Tabelle erhebt nicht den Anspruch, diese beiden Begriffe in ihrer Gesamtheit auszudifferenzieren. Entscheidend ist für unser Ratgeberbuch die Frage, welche Form in der E-Mail-Korrespondenz zur Anwendung kommt.

Wortwahl

Wenn Sie in E-Mails intern oder extern über fachliche Sachverhalte kommunizieren, benötigen Sie für eine korrekte Korrespondenz Fachwörter. Nur so können Sie eine präzise Informationsübertragung und eine juristische Korrektheit gewähren. Vor allem müssen Sie die einmal festgelegten Begriffe beibehalten. Ein Wechsel der Vokabeln kann beim Empfänger zu Irritationen führen, wie das folgende Beispiel zeigt

> ***Beispiel: Zwei Vokabeln – ein Begriff:***
>
> *Guten Tag, Frau Muster,*
>
> *Sie erhalten als Anhang das Protokoll der letzten Arbeitsgruppensitzung. Ich habe dabei …*
>
> *Beachten Sie bei der Niederschrift den Punkt 5. …*

Die Empfängerin dieser E-Mail glaubt eventuell, dass sie neben dem Protokoll noch zusätzlich eine Niederschrift bekommen hat.

Festgelegte Begriffe beibehalten:

Einmal festgelegte Wörter für Begriffe behalten Sie bitte unbedingt bei. So vermeiden Sie Verwirrungen beim Empfänger Ihrer E-Mail.

Erläuterung von Begriffen

Wenn Sie zur Einschätzung kommen, dass Ihr Empfängerkreis den Begriff nicht versteht, erläutern Sie den Sachverhalt mit den Formeln:

Das heißt, dass …

Das bedeutet für Sie …

Darüber hinaus benötigen Sie in E-Mails keine „Imponierwörter". Diese Wörter stellen keine Fachwörter dar, sondern werden verwendet, um zu imponieren.

Beispiel:

- *Wenn Sie an dieser Veranstaltung partizipieren möchten, melden Sie sich bitte wie folgt sukzessive an. ???*
  - *Verständlich: Sie möchten an der Veranstaltung teilnehmen? Dann melden Sie sich bitte mit folgenden Schritten an.*

Beachten Sie bitte: Ein Fremdwort ist nicht mit einem „Imponierwort" gleichzusetzen. Wenn Fremdwörter Fachwörter sind, dann steht deren Verwendung in einer E-Mail nichts entgegen.

Fachwörter ja, Imponierwörter nein!

Benutzen Sie in der E-Mail-Fachwörter. Entscheiden Sie – je nach Zielgruppe – ob Sie diese erläutern. Verzichten Sie auf „Imponierwörter".

Vorsilben auf den Prüfstand

Wenn Sie in einer Einfachen Sprache (und selbstverständlich erst recht in einer Leichten Sprache) korrespondieren, ist es notwendig, Vorsilben auf den Prüfstand zu stellen. Stellt diese Vorsilbe in Verbindung mit dem folgenden Wort einen Mehrwert dar?

„Senden oder übersenden?"

Wenn Sie mit der E-Mail etwas „senden", ist das völlig ausreichend. „Übersenden" ist nichts Genaueres. Die Vorsilbe ist unnötiger Ballast.

Übung:

- *Entscheiden Sie bei den folgenden Wörtern, ob die Vorsilbe notwendig ist.*
- *Einen Vertrag (ab)ändern.*
- *Die Entscheidung erneut (über)prüfen.*
- *(Rück)erstattung von Fahrtkosten.*
- *(Un)kosten bei der Veranstaltung.*
- *(Vor)ankündigung von …*

Lösungen:

- *Einen Vertrag ändern.*
- *Die Entscheidung erneut prüfen.*
- *Erstattung von Fahrtkosten.*
- *Kosten bei der Veranstaltung.*
- *Ankündigung von …*

Einfache Wörter:

Verwenden Sie in einer E-Mail Wörter ohne unnötige Vorsilben. Schärfen Sie Ihren sprachlichen Ausdruck.

Leichte Sprache in der E-Mail-Korrespondenz?

Einsatz von Kurzwörtern und Symbolen

Können Sie in diesem Zusammenhang auch Elemente der Leichten Sprache übernehmen? – In der Leichten Sprache ist es erforderlich, bildliche Elemente einzusetzen, weil diese sehr gut verstanden werden. „Ein Bild sagt mehr als 1.000 Wörter."

Wir leben im Zeitalter der Informationsflut. Daher ist es nützlich, die Informationen gut aufzubereiten. Das heißt, die Informationen sollten schnell und unkompliziert vom Empfängerkreis zu erfassen sein.

Beispiel:

Betreff: Protokoll der … – zur Info

Hallo Sabine,

anbei das Protokoll. Kann zur nächsten Telko nicht. Kannst du übernehmen? Danke. ;–)

LG Jürgen

Wenn es in einer Kommunikationsgruppe ein Einverständnis und ein Verständnis gibt, sind folgende sprachliche Optimierungen möglich und vorteilhaft:

- Kurzwörter/Abkürzungen: zur Info, anbei, Telko (für Telefonkonferenz), Präsi (für Präsentation), LG, …
- Symbole: ☺, ;-), …
- Kurzsätze: „Anbei das Protokoll.", „Danke.", …

Wenn es angebracht ist, setzen Sie in einer E-Mail Zahlen, Tabellen, Diagramme, … ein. Das ist vorteilhaft für das Veranschaulichen von Sachverhalten.

Steigende Anzahl von Symbolen, Kurzwörtern, Bildern :

In der E-Mail-Korrespondenz werden zunehmend Elemente der Leichten Sprache, wie Symbole, Bilder, usw., verwendet. Überlegen Sie, ob es bei den Empfängern ein Verständnis dafür gibt. Prüfen Sie bitte auch, ob diese Zeichen von der Software der Empfänger technisch unterstützt werden und damit überhaupt gelesen werden können.

Schreibung von Wörtern mit Kurzstrich

Definition Kurzstrich (DIN 5008): Dieser Strich steht stets ohne Leerzeichen davor und danach. Er verbindet verschiedene Wortbestandteile und Zahlen zu einem zusammengeschriebenen Wort.

Wenn Wörter sehr lang sind, verliert der Lesende evtl. den Überblick. Beispiel:

Grundstücksverkehrsgenehmigungszuständigkeitsübertragungsverordnung (67 Buchstaben) ☹.

Auch wenn nicht alle Wörter so lang sind, ist es überlegenswert, lange Wörter durch einen Kurzstrich „aufzubrechen".

Beispiele:

- *Prozessübertragung* *Prozess-Übertragung*
- *Besichtigungstermin* *Besichtigungs-Termin*
- *Kaffeeautomat* *Kaffee-Automat*
- *Serviceorientierung* *Service-Orientierung*
- *Onlineseminar* *Online-Seminar*

Besonders, wenn ungewöhnliche, schwer lesbare Buchstabenkombinationen an Wortfugen (Stelle, an der zwei Wörter aufeinandertreffen) auftreten, ist eine Schreibung mit Kurzstrich zu empfehlen.

Wörter mit Kurzstrich:

In der E-Mail-Korrespondenz können Sie die Schreibung von Wörtern mit Kurzstrich aus der Leichten Sprache sehr gut einsetzen. Achten Sie darauf, dass die Trennung in sinnvolle Bestandteile erfolgt (also nicht Still-Legung, sondern nur Stilllegung).

Sie erleichtern durch das Aufbrechen von langen zusammengesetzten Wörtern das schnelle Lesen der E-Mail.

Satzformen/Satzbau

Keine Schachtelsätze

Die E-Mail-Korrespondenz wird im Zusammenhang mit einer effektiven Informationsübertragung gesehen. Deshalb verbietet es sich, Schachtelsätze oder lange Sätze einzusetzen. Diese würden die schnelle Lesbarkeit sehr stark einschränken.

> *Satzbau aufbrechen:*
>
> **Vorher:** *Das Angebot, welches du mir gestern gesendet hattest, habe ich inzwischen so umformuliert, dass unsere Leistungen, die nun wirklich Neuigkeitswert haben, stärker in den Vordergrund gerückt werden.*
>
> **Nachher:** *Das Angebot von gestern habe ich inzwischen umformuliert. Jetzt stehen unsere Leistungen mit Neuigkeitswert im Vordergrund.*

Satzreihenfolge

Zur juristischen Korrektheit gehört es, die Quelle anzugeben, auf die Sie sich berufen. (Einfache Sprache!) Wenn das in einer E-Mail notwendig ist – zum Beispiel in einer Auseinandersetzung um eine Reklamation – führen Sie die AGBs an und verwenden die Quelle bitte stets am Satzende, zum Beispiel: (vgl. Ziff. 3 S. 2 der AGBs). Am Satzanfang wird Ihre juristische Grundlage auch als „Keulenschlag" interpretiert.

Satzreduktionen (Ellipsen)

Eine Kommunikation in Kurzsätzen, in denen zum Beispiel kein Verb vorkommt, ist in der E-Mail üblich geworden. Vor allem betrifft das den Textanfang bzw. das Textende.

Beispiel:

Hallo Frank,

danke für die Info. …

Schönes Wochenende.

LG

Aus diesen Kurzsätzen können vollständige Sätze gebildet werden:

„Danke für die Info." = Ich danke dir für die Information.

„Schönes Wochenende." = Ich wünsche dir ein schönes Wochenende.

Aus diesen Gründen steht am Ende der Kurzsätze ein Satzschlusszeichen.

Kurzsätze können auch als Überleitungen benutzt werden. In dieser Funktion dienen diese der Orientierung der Leser und damit der Verständlichkeit des Textes.

Beispiel:

Guten Tag, Herr Werner,

Ihre Einwände haben wir geprüft. Im Folgenden unser Standpunkt:

1. …

2. …

3. …

Diese Überleitungssätze („Im Folgenden unser Standpunkt:") sind Kurzsätze und können mit einem Doppelpunkt enden. Damit eröffnen Sie eine Gliederung mit Zahlen oder Spiegelstrichen und geben den Lesenden eine Checkliste an die Hand.

Die Aufzählung kann mit unterschiedlichen Symbolen bzw. Aufzählungszeichen erfolgen. Somit haben Sie hier Möglichkeiten, Elemente der Leichten Sprache in der E-Mail zu verwenden.

Überleitungen von einem Textabschnitt zum nächsten können auch mittels Zwischenüberschriften oder rhetorischen Fragen dargestellt werden.

Mit Zwischenüberschriften orientieren Sie die Leser auf den nächsten Inhalt. Somit schaffen Sie eine klare Strukturierung und der Leser kann entscheiden, welchen Abschnitt er liest oder überspringt.

Da die E-Mail im Alltag besonders eng mit dem Gespräch verzahnt ist, ist die Überleitung mit einer rhetorischen Frage sehr wirkungsvoll. Sie stellen eine Frage an die Lesenden und fordern sie zum geistigen Dialog heraus. Die Antwort geben Sie selbst.

Beispiele für rhetorische Fragen:

- *Was sind unsere nächsten Schritte?*
- *Welche Konsequenzen ergeben sich daraus?*
- *Welchen Handlungsspielraum haben wir?*
- *Welche Möglichkeiten kann ich Ihnen anbieten?*
- *Warum kann diese technische Lösung nicht funktionieren?*

Einfacher Satzbau:

Der Satzbau orientiert sich in der E-Mail zunächst grundsätzlich an der Einfachen Sprache: Kurze Sätze (max. 2 Zeilen oder 17 Wörter), keine Schachtelsätze, Angabe von juristischen Quellen am Ende des Satzes, Überleitungen.

Darüber hinaus werden Elemente der Leichten Sprache integriert: Kurzsätze, Symbole, …

Das führt zu einer effektiven Kommunikation.

Auf den Punkt gebracht

1. Auswahl der richtigen Form:

Ein Text wirkt dann dynamisch und lesenswert, wenn Sie eine gute Mischung der persönlichen Fürwörter vornehmen.

Wenn der Empfänger im Mittelpunkt stehen soll, dann formulieren Sie im Sie-Stil.

Wenn der Absender als Person im Mittelpunkt stehen soll, formulieren Sie in der Ich-Form.

Wenn das Unternehmen im Mittelpunkt steht bzw. die Verwaltung als Ganzes gemeint ist, dann formulieren Sie in der Wir-Form.

Passiv-Formen rücken den Zustand oder den Prozess in den Mittelpunkt. Sie führen zu einer Versachlichung und können unpersönlich wirken.

2. Die goldene Mitte

Diplomatie bei Aufforderungen bedeutet in erster Linie (unter Berücksichtigung der Empfänger), die richtige Stufe zu finden. Schreiben Sie nicht überhöflich, aber überspannen Sie auch nicht den Bogen.

3. Optimierung der Kommunikation

In der E-Mail benutzen Sie am besten Einfache Sprache: Fachwörter (evtl. mit Erläuterungen), kurze Sätze, Überleitungen (zum Beispiel mit Überschriften).

Im Trend liegt es, Elemente der Leichten Sprache zur Optimierung der Kommunikation einzusetzen: Aufbrechen der Wörter mit Kurzstrich, Kurzwörter, Kurzsätze, Symbole, …

Die Entscheidung zwischen Leichter und Einfacher Sprache hängt immer vom Empfängerkreis ab.

Normen der Korrespondenz in der E-Mail

DIN 5008 in der E-Mail-Korrespondenz

Diese Schreibnorm regelt für den Schriftverkehr die Schreibung von Zahlen, von Sonderzeichen, von Abkürzungen, ... Des Weiteren geht es um grundlegende Festlegungen zum Layout, zur Anfertigung von Tabellen, Inhaltsverzeichnissen usw. In der Regel gibt sich ein Unternehmen bzw. eine öffentliche Verwaltung eine interne Schreibordnung (Corporate Design).

Grundsätzlich geht es um ein einheitliches Erscheinungsbild des Unternehmens/der Verwaltung. In diesem Zusammenhang ist es wichtig, die E-Mail-Korrespondenz einzubinden. Ein Empfänger bekommt beispielsweise ein Angebot auf dem Brieflayout an die E-Mail angehängt. Widersprüche in den Schreibweisen beider Texte darf es nicht geben.

Im Folgenden finden Sie einige Checklisten über korrekte Schreibweisen und Hinweise für die Anwendung in E-Mails.

Zahlenschreibweisen

Telefonnummern werden nach der DIN nicht mehr gegliedert, sondern hintereinandergeschrieben. Vorwahlen werden durch ein Leerzeichen abgeteilt. Durchwahlnummern werden durch einen Kurzstrich angeschlossen.

Beispiele:

- *0123 4567-890* *Telefon mit Durchwahl*
- *0172 3456789* *Handy-Nummer*
- *+49 30 1234-567* *internationaler Anschluss*

Wenn ein Unternehmen aus Gründen der Übersichtlichkeit (zum Beispiel Verwendung von runden Klammern zur Abgrenzung der Vorwahl) von dieser Norm abweicht, dann sollte das intern kommuniziert werden. Wichtig ist in einem solchen Fall, dass Sie immer einheitlich in allen Texten auftreten.

Schreibung von IBAN: Kontonummern und Bankleitzahlen sind zu einer IBAN zusammengefasst. Dabei gibt es bei der Schreibung eine Gliederung in fünf Vierergruppen und eine Zweiergruppe. Dazwischen stehen Leerzeichen. Die BIC wird in Großbuchstaben dargestellt.

Beispiel:

- *DE89 1234 5678 1234 5678 91*
- *BIC DEUTDEDBABC*

Eine Abweichung bei der Schreibweise der IBAN ist in keinem Fall zu empfehlen, zumal die Formularfelder darauf abgestimmt sind. Die Angabe der BIC ist im inländischen Zahlungsverkehr nicht notwendig.

Geldbeträge werden nach der DIN in Dreierschritte (von rechts beginnend) mit dem Punkt gegliedert. Wenn keine Cent vorhanden sind, kann auf die Nullen verzichtet werden.

Achtung: Schreiben Sie in keinem Fall statt der Nullen einen Strich.

> *Beispiele:*
>
> - *2.500,00 € oder 2.500 € oder 2.500 EUR*
> - *€ 2.50,00 oder € 2.500*

Die Währungsbezeichnung steht vor oder nach dem Betrag.

Tipp: Im Fließtext ist es sinnvoll, die Währungsbezeichnung nach dem Betrag anzugeben.

€ oder EUR? Die DIN lässt beides zu.

Empfehlung: Wenn Sie eine Wahl haben, nehmen Sie am besten das €-Zeichen. Es geht in der E-Mail um Kurzsprache. Bei „EUR" haben Sie die Währungsbezeichnung fast ausgeschrieben.

Datumsangaben: In diesem Fall lässt die DIN folgende drei Schreibweisen zu:

> *Beispiele:*
>
> - *1. 04.05.2024*
> - *2. 4. Mai 2024*
> - *3. 2024-05-04*

Bei der Variante 1 ist es notwendig, alle Nullen mitzuschreiben.

Bei der Variante 2 dürfen Sie keine Nullen bei einstelligen Datumsangaben verwenden.

Bei der Variante 3 geht es um die Reihenfolge Jahr-Monat-Tag, die ganz praktisch bei einer elektronischen Archivierung ist. Im Fließtext ist eine solche Gliederung nicht zu empfehlen.

Die DIN legt fest, dass das Jahr stets vierstellig zu schreiben ist: nicht 23.12.23., sondern 23.12.2023.

Tipp: Legen Sie eine Schreibweise des Datums für Ihr Unternehmen, falls nicht schon geschehen, fest.

Uhrzeiten werden mit Doppelpunkt gegliedert. Bei vollen Stunden kann auf die Minutenangabe verzichtet werden.

Beispiele:

- *12:00 Uhr oder 12 Uhr*
- *von 12:30 bis 14:00 Uhr*

Beachten Sie: Wenn bei einer Zeitspanne die Zeitangabe mit der Formulierung „von“ eingeleitet wird, müssen Sie nach DIN auch das Wort „bis“ einsetzen. Ein Ersatz des Wortes „bis“ durch einen Langstrich ist in diesem Fall nicht möglich.

Schreibweise von Zahlen:

Auch in der E-Mail-Korrespondenz gelten die grundsätzlichen Regeln der DIN zur Schreibweise von Zahlen. In jedem Fall halten Sie sich an die Festlegungen Ihres Unternehmens bzw. Ihrer Behörde. Sie sichern damit das einheitliche Erscheinungsbild Ihrer Korrespondenz.

Schreibung und Verwendung von Abkürzungen

Bei der Schreibung von Abkürzungen gibt es eine formale und eine stilistische Seite.

Schreibung von Abkürzungen (formaler Aspekt)

Bei der Schreibweise von Abkürzungen gibt es drei grundsätzliche Fallgruppen.

Schreibung von Abkürzungen mit Punkt: Das betrifft Beispiele, die Sie in der mündlichen Kommunikation gewöhnlich nicht in der abgekürzten Form sprechen können.

> *Beispiele:*
>
> *z. B., vgl. , usw., z. T., ggf., m.E., bzw., i. w. S.,*

Beachten Sie bitte, dass bei mehrteiligen Abkürzungen (beispielsweise bei i. A.) zwischen den abgekürzten Wörtern ein Leerzeichen steht.

Abkürzungen als Kurzwörter: Wenn Abkürzungen in der mündlichen Kommunikation üblicherweise nicht ausgesprochen, sondern als Kurzwort gesprochen werden, dann werden diese ohne Punkt abgekürzt.

> *Beispiele:*
>
> *GmbH, Pkw, BGB, NRW, LKA, AG, WHO, Kfz, …*

Beachten Sie bitte, dass diese Abkürzungen als Kurzwörter gebeugt werden (zum Beispiel die GmbHs).

Beachten Sie weiterhin, dass alle Gesetze ohne Punkt abgekürzt werden, obwohl diese nicht gesprochen werden können. Dabei handelt es sich um Festlegungen aus der juristischen Fachsprache.

Abkürzungen als Maßeinheiten: In den Naturwissenschaften würden Punkte in Formeln stören. Außerdem wären sie vielleicht als Zeichen für die Multiplikation interpretierbar. Also: keine Punkte bei Maßeinheiten i. w. S.

Beispiele:

m, m^2, m^3, kWh, €, l, kg, Ca (Calzium), SO (Südost),

Beachten Sie bitte, dass zwischen einer Zahl und einer Maßeinheit immer ein Leerzeichen steht (120,00 €, 23 m, 34 m^2).

Schreibweise von Abkürzungen:

In der E-Mail-Korrespondenz gelten die DIN-Schreibweisen von Abkürzungen entsprechend. Diese sind zum Teil auch international standardisiert zum Beispiel bei Maßeinheiten.

Verwendung von Abkürzungen (stilistischer Aspekt)

Wenn Sie Abkürzungen in der E-Mail-Korrespondenz verwenden, ist immer der Empfängerhorizont zu berücksichtigen. Wenn Sie an Privatkunden schreiben, kann eine Abkürzung wie „ggf." für „gegebenenfalls" schon für Verwirrung sorgen. Bei Geschäftskunden können Sie von einem größeren Verständnis für Abkürzungen ausgehen.

Empfehlung: Legen Sie für Ihr Unternehmen unter Berücksichtigung der Zielgruppe(n) die Abkürzungen fest, die verwendet werden dürfen.

Die E-Mail-Korrespondenz „verlangt" nach immer neuen Abkürzungen. Der Trend geht in Richtung Kurzsprache! Aber, sind diese neuen Abkürzungen korrekt, verständlich bzw. stilgerecht?

Beispiel:

Hallo, Hr. Müller,

benöt. kzfg. Abl.-Prot. K. hat u. schn. A. g.

Was s. u. w.?

VGr.

Diese E-Mail ist schwer oder nicht zu verstehen.

Bevor Sie in der E-Mail-Korrespondenz weitere Abkürzungen erfinden, fragen Sie sich bitte unbedingt nach der Verständlichkeit.

Beispiel ohne Abkürzungen:

Hallo, Herr Müller,

ich benötige kurzfristig das Ablese-Protokoll. Kunde hat um schnelle Antwort gebeten.

Was soll unternommen werden?

Viele Grüße

Verwendung von Abkürzungen:

Verwenden Sie auch in der E-Mail-Korrespondenz nur Duden-übliche bzw. fachgebietsanerkannte Abkürzungen. Zu viele Abkürzungen wirken nicht effektiv, sondern unverständlich und unhöflich.

Schreibungen mit Kurzstrich (Kopplungsstrich)

Ein Kurzstrich verbindet verschiedene Wortbestandteile miteinander (deshalb auch mitunter Kopplungsstrich genannt). Damit werden Schreibweisen aufgebrochen und damit leichter lesbar. (= Mittel der Leichten Sprache – siehe S. 113)

Der Einsatz von einem Kurzstrich erleichtert das Erfassen eines Wortes. Für das schnelle Lesen der E-Mail ist das sehr wichtig. Deshalb sind diese Schreibweisen für die E-Mail-Korrespondenz interessant.

Zusammenschreibung von Zahlen und Buchstaben

Selbstverständlich können Sie die entsprechenden Wörter immer ausschreiben: Beispiel „einhundertprozentig".

Wenn Sie das Zahlwort als Zahl schreiben möchten, gibt es nach der neuen Rechtschreibung eine klare Trennung:

- Wenn Sie nach der Zahl einen Wortstamm haben, dann schreiben Sie immer mit dem Kurzstrich:

  „100-prozentig" (Wortstamm = „Prozent").

- Wenn nach der Zahl eine grammatische Endung folgt, schreiben Sie ohne Kurzstrich:

  „100 %ig" („ig" = grammatische Endung).

Beachten Sie bitte folgende Agentur-Regelung:

„Zahlen von 0 bis 12 werden stets ausgeschrieben."

In der DIN 5008 gibt es eine solche Regelung nicht.

Empfehlung: Entscheiden Sie über eine Schreibweise anhand Ihrer Aussageabsicht.

Beispiel:

Die 3-jährige Garantie oder die dreijährige Garantie?

Wenn Sie mit der 3-jährigen Garantie einen Kundennutzen darstellen möchten, ist die Schreibung mit der Zahl besser geeignet.

Übung:

Schreiben Sie folgende Wortformen bitte mit Zahlen. Beachten Sie bitte die Groß- und Kleinschreibung.

Die fünfjährige Laufzeit des Vertrages …

Der Zwanzigjährige kommt nach Hause.

Der zehnjährige Schüler …

Die fünfmalige Wiederholung …

Der dreifache Wert …

Das Fünffache des Umsatzes …

Lösungen:

Die 5-jährige Laufzeit des Vertrages …

Der 20-Jährige kommt nach Hause.

Der 10-jährige Schüler …

Die 5-malige Wiederholung …

Der 3-fache Wert … auch der 3fache Wert

Das 5-Fache des Umsatzes … auch das 5fache des …

Bei „fach" sind beide Schreibweisen möglich. Die Sprachwissenschaft ist sich hier uneinig. Ist „fach" eine grammatische Endung oder ein Wortstamm?

Kundennutzen hervorheben:

Wenn Sie den Kundennutzen betonen möchten, ist die Schreibweise mit einer Zahl der ausgeschriebenen Variante vorzuziehen.

Lesbarkeit von Wörtern befördern

Wenn Sie lange Wörter haben, ist oft das schnelle Lesen der E-Mail eingeschränkt. Das gilt insbesondere für folgende Fälle:

- Wenn Sie zufällig an einer Wortfuge (= Stelle, wo zwei Wörter aufeinandertreffen) drei gleiche oder ähnliche Buchstaben haben, dann ist oft das Erfassen des Wortes schwierig.
- Wenn Fremdwörter mit deutschen Wörtern verbunden werden, ist mitunter auch ein schnelles Erfassen schwierig. Besser ist es, diese Wörter mit Kurzstrich zu schreiben.
- Wenn Sie sehr lange Wörter (mehr als 15 Buchstaben) verwenden, wird das Lesen erschwert.

Beispiele:

Versicherungs-Bedingungen oder Versicherungsbedingungen

Schritt-Tempo oder Schritttempo

Kunststoff-Fenster oder Kunststofffenster

Feedback-Bogen oder Feedbackbogen

Beachten Sie bitte, dass die Schreibung mit Kurzstrich nur zulässig ist, wenn zwei sinnvolle Wörter entstehen. Also nicht: „Still-Legung".

Kurzstrich:

Die Schreibung mit Kurzstrich optimiert das schnelle Erfassen des Textes in der E-Mail-Korrespondenz.

Gestaltungsprinzipien (Layout)

Wenn Sie eine E-Mail erhalten, die ohne Absätze gegliedert ist, sinkt Ihre Motivation, überhaupt zu lesen. Ein schnelles Erfassen der wichtigen Botschaften wird erschwert oder unmöglich gemacht.

Beispiel:

Guten Tag, Herr Muster,

danke für das schnelle Zusenden des Prüfberichtes. Mir ist dabei noch Folgendes aufgefallen: Die Prüfintervalle entsprechen nicht der DIN 1234. Das Verfahren zur Bestandsoptimierung ist nicht evaluiert. Die Phase 3 wird im Bericht nicht erwähnt. Deshalb kommt auf uns noch einmal eine Nacharbeit zu. Ich schlage den 24. November, 16:00 Uhr vor. Wenn das klappt, geben Sie mir bitte kurz Bescheid. Möglichst noch heute. Habe einen enggestrickten Terminkalender. Vielen Dank.

Liebe Grüße

Manfred Muster

In der E-Mail-Korrespondenz können Sie mit folgenden Layout-Regeln der DIN arbeiten.

Absätze werden mit einer Leerzeile gekennzeichnet. Der Text wird andererseits nicht zergliedert. Nicht jeder Satz ist ein Absatz.

Nutzen Sie bei Aufzählungen die **Gliederung mit Spiegelstrichen** (oder anderen Gliederungszeichen). Damit brechen Sie das Layout wirkungsvoll auf. Ein schnelles Erfassen wird erleichtert. Der Leser bekommt eine Art Checkliste. Diese Aufzählungen werden mit Leerzeilen am Beginn und am Ende gekennzeichnet.

Nutzen Sie **Fettdruck,** um Zahlen, Wortgruppen, kurze Sätze hervorzuheben. Gehen Sie sparsam mit Hervorhebungen um. Zu viel Fettdruck schadet der Konzentration des Lesers auf das Wesentliche.

Ein **Ausrufezeichen** steht nur für „wichtig" oder „Achtung".

Beachten Sie bitte, dass der Rand in der E-Mail mit **Silbentrennung nicht** gestaltet wird, da die Fenstereinstellungen unterschiedlich sind. Silbentrennung würde unter Umständen zum „Zerschießen" des Layouts führen.

Beispiel überarbeitet:

Guten Tag, Herr Muster,

danke für das schnelle Zusenden des Prüfberichtes. Mir ist dabei noch Folgendes aufgefallen:

Die Prüfintervalle entsprechen nicht der DIN 1234.

Das Verfahren zur Bestandsoptimierung ist nicht evaluiert.

Die Phase 3 wird im Bericht nicht erwähnt.

Deshalb kommt auf uns noch einmal eine Nacharbeit zu.

Ich schlage den ***24. November, 16:00 Uhr*** *vor. Wenn das klappt, geben Sie mir bitte kurz Bescheid.* ***Möglichst noch heute****. Habe einen enggestrickten Terminkalender. Vielen Dank.*

Liebe Grüße

Manfred Muster

Angenehmes Seitenlayout:

Sorgen Sie bitte in der E-Mail für ein angenehmes Seitenlayout, welches das schnelle Erfassen wichtiger Informationen befördert.

Orthografie in der E-Mail-Korrespondenz

Am Beginn des E-Mail-Zeitalters wurde von einzelnen Personen auf die Korrektheit im Text nicht so viel Wert gelegt. Es war ja „nur" eine E-Mail.

Inzwischen – nach der Etablierungsphase der E-Mail-Korrespondenz im Geschäftlichen – ist deutlich geworden, dass es sich um Geschäftskorrespondenz handelt. Also: Die Regeln der Orthografie gelten entsprechend. Im Folgenden einige Tipps.

Stolperstellen der neuen Rechtschreibung

Es gibt einige Formen, die sich im Sprachbewusstsein vielleicht noch nicht etabliert oder fälschlicherweise eingeschlichen haben.

Stolperstellen:

Die Wörter „**der eine, die anderen, die meisten, die wenigen**" (auch ähnliche Ableitungen) werden wie bisher in der Regel kleingeschrieben, auch wenn ein Artikel davorsteht. (Vgl. Duden Bd. 1, Seite 64)

Das Wort „**zurzeit**" ist ein Adverb (Umstandswort) und wird deshalb zusammengeschrieben. Es bedeutet: „jetzt", „gegenwärtig". Neue Abkürzungen: zz. bzw. zzt. Achtung! In der Bedeutung „zur (zu der) Zeit der Jahrhundertwende" bleibt es bei der Getrenntschreibung.

Die Frageeinleitung „**wie viel**" wird stets getrennt geschrieben. „Wie viel Material ...?" Vergleiche: „Wie viele Menschen ...".

Das Wort „**Folgendes**" wird großgeschrieben. Es handelt sich um ein Substantiv: „das Folgende". (Achtung: neue Abkürzung „u. Ä." für „und Ähnliches")

Alle Formen mit „irgend-" werden zusammengeschrieben, also auch „**irgendjemand**" und „**irgendetwas**".

Neue Wortstämme

Nach der neuen Rechtschreibung gibt es einige wenige Neuschreibungen von Wortstämmen. Wenn Sie die Neuregelungen im Bereich „ss" abziehen, bleiben etwa 100 Neuschreibungen im Wortstammbereich. Die meisten Wörter nutzen Sie wenig oder kaum. Wie oft haben Sie in Ihrem geschäftlichen Korrespondenzalltag das Wort „belämmert" (früher belemmert) geschrieben?

Die folgenden neuen Wortstämme können Sie unter Umständen in einer E-Mail gebrauchen:

Wichtige Neuschreibungen:

- Tipp, Stopp (Achtung, das STOP-Zeichen (Verkehrszeichen) bleibt unverändert)
- nummerieren, Nummerierung
- platzieren, Platzierung
- Stängel, Getreidestängel
- rau, Raufasertapete, …
- föhnen, Föhn (= Fallwind), aber Fön = Warenzeichen

(Da „Fön" ein geschützter Eigenname ist, wird in der Praxis das Wort „Haartrockner" dafür benutzt.)

Variantenschreibungen

In der Rechtschreibung gab und gibt es Schreibvarianten. Oft ist die historische Ableitung nicht mehr nachvollziehbar:

- die Schänke – hergeleitet von Ausschank
- die Schenke – hergeleitet von ausschenken

Die neue Rechtschreibung hat einige weitere Variantenschreibungen möglich gemacht. Seit 2006 gibt es jedoch in vielen Fällen eine Empfehlung vom Duden-Verlag (im Duden gelb markiert). Diese Schreibungen stellen sprachliche Entwicklungstrends dar.

Das heißt, für eine moderne Sprache in der E-Mail-Korrespondenz sind diese Schreibungen auch zu empfehlen. Im Folgenden finden Sie eine Tabelle mit typischen Variantenschreibungen:

Vom Duden empfohlen	Weitere Variante
aufwendig	aufwändig
substanziell	substantiell
Potenzial	Potential
Justiziar	Justitiar
selbstständig	selbständig
energiesparend	Energie sparend
achtgeben	Acht geben
aufgrund der …	auf Grund der …
infrage kommen	in Frage kommen
zustande bringen	zu Stande bringen…

Kommasetzung

Nach der neuen Rechtschreibung gibt es keine Kommastelle, bei der Sie zwingend ein Komma weglassen müssen. Anders ausgedrückt: Es gibt wenige Kommastellen, wo Sie das Komma weglassen können.

Empfehlung: Setzen Sie alle Kommas wie bisher in Ihrer Korrespondenz. Sie gliedern den Satz, und für den Leser wird die Information schneller erfassbar.

Beispiel:

Lesen Sie sich bitte den folgenden Satz ganz schnell durch:

Einen Kurs zum journalistischen Schreiben planen wir im Frühjahr und im Herbst bieten wir einen Kurs zum kreativen Schreiben an.

- *Mit einem Komma fällt es leichter, den Sinn des Satzes zu erfassen.*

Einen Kurs zum journalistischen Schreiben planen wir im Frühjahr, und im Herbst bieten wir einen Kurs zum kreativen Schreiben an.

Auf den Punkt gebracht

Normative Vorgaben

Die E-Mail hat sich als die dominante Form der üblichen Korrespondenz im Geschäftlichen und im Verwaltungsbereich etabliert. Damit sind die „wilden Jahre" vorbei. Bitte halten Sie sich auch in der E-Mail-Korrespondenz an die normativen Vorgaben.

In erster Linie halten Sie bitte die Festlegungen Ihres Corporate Designs ein. In zweiter Instanz gelten die Regelungen der DIN 5008.

Gliedern Sie die E-Mail in Absätze und heben Sie wirkungsvoll hervor. Nutzen Sie die Schreibung mit Kurzstrich für eine bessere Lesbarkeit. Verwenden Sie in der E-Mail-Korrespondenz unbedingt die neue Rechtschreibung.

Zusammenfassung und Ausblick

Korrespondenz ist einerseits das Resultat des technisch Machbaren und andererseits der Ausdruck unserer Kommunikationskultur: Am 02.01.2023 hat die Deutsche Post den Telegramm-Dienst eingestellt? Wann wird der letzte papierne Brief versendet? Die SMS ist schon wieder Geschichte, weil mit einer WhatsApp Bilder und Videos versendet werden können.

In der geschäftlichen Korrespondenz kommt ein weiterer grundsätzlicher Faktor ins Spiel: die rechtliche Sicherheit. Kann der Empfänger sich rechtlich auf das Geschriebene verlassen? Hier sind zusätzliche Rahmenbedingungen und die dazu ergangene sowie die noch ergehende obergerichtliche Rechtsprechung zu beachten.

Deshalb wird es auf absehbare Zeit ein Nebeneinander von Brief und E-Mail geben. Das Unternehmen bzw. die Öffentliche Verwaltung muss die Vorteile und Nachteile abwägen.

Es wird in der Geschäftskorrespondenz und im öffentlich-rechtlich geregelten Verwaltungsbereich kein Zurück geben, zumal die Schnelligkeit der Informationsübertragung ein entscheidendes Kriterium für die E-Mail ist.

Die rechtlichen Leitplanken der E-Mail-Korrespondenz werden sicher in den nächsten Jahren erweitert bzw. präzisiert werden.

Die papierne Korrespondenz wird Nischen besetzen, wo es um Gestaltung und Ausstrahlung geht, zum Beispiel Glückwünsche zu einem Firmenjubiläum, Kondolenzbrief, Veranstaltungseinladung … In Papierform werden vielleicht auch bestimmte Rechtstexte weiterhin versendet (zum Beispiel notarielle Urkunden).

Die Autoren sind sich sicher, dass die Veränderungen in der Sprache der E-Mail-Korrespondenz weiter voranschreiten. Einflüsse der mündlichen Kommunikation und der Leichten Sprache werden zunehmen. Das kann gefallen oder nicht. Es geht aber letztendlich immer um Effektivität und Präzision in der Kommunikation. Die Formen der Leichten Sprache haben ihre Grenzen, wenn es um Rechtsverbindlichkeit in der Kommunikation geht.

E-Mail-Korrespondenz und KI

Eine völlig neue Herausforderung der Korrespondenz ist die Einbindung der Künstlichen Intelligenz (KI) in die Formulierungsprozesse. Wird der Mensch als Texter überflüssig? Kann ich dem Rechner einen Schreib-Auftrag geben und der führt diesen exakt aus? Spannende Frage …

Im Folgenden werden drei Bereiche und der mögliche Einsatz von KI betrachtet:

1. Servicebereich
2. Korrespondenz-Prozess
3. Besondere Korrespondenzen

1. Servicebereich: Beschwerde an Wohnungsunternehmen

> *Aufgabe an ChatGPT:*
>
> *Eingabe: „Ich arbeite in einem Wohnungsunternehmen. Ein Mieter beschwert sich über die längere Standzeit eines Gerüstes vor seinem Balkon. Das geplante Ende der Baumaß-*

nahme war für den 30. April vorgesehen. Aufgrund von Lieferengpässen beim Baumaterial konnte die Baumaßnahme vom Unternehmen noch nicht abgeschlossen werden. Der Mieter fordert eine Mietminderung von 20 %. Diese will ich ihm aber nicht geben, weil dann alle Mieter aus dem Haus kommen und eine Mietminderung haben wollen. Die Geschäftsführung möchte das auch nicht. Schreibe mir bitte eine diplomatische Antwort an den Mieter Mayer."

Antwort der KI:

„Sehr geehrter Herr Mayer,

vielen Dank für Ihre Nachricht und Ihr Verständnis für die Verzögerung der Bauarbeiten an Ihrem Balkon. Wir bedauern die entstandenen Unannehmlichkeiten und möchten Ihnen versichern, dass wir unser Bestes tun, um die Arbeiten so schnell wie möglich zu beenden.

Leider sind wir aufgrund der unvorhergesehenen Lieferengpässe beim Baumaterial gezwungen, die Standzeit des Gerüstes vor Ihrem Balkon zu verlängern. Diese unerwartete Situation hat es uns erschwert, den ursprünglich geplanten Fertigungstermin einzuhalten. Wir arbeiten eng mit unseren Lieferanten zusammen, um die benötigten Materialien so bald wie möglich zu erhalten und die Bauarbeiten abzuschließen.

Wir verstehen Ihre Forderung nach einer Mietminderung, möchten jedoch darauf hinweisen, dass es sich dabei um eine außergewöhnliche Situation handelt, die nicht in unserer direkten Kontrolle liegt. Die Lieferengpässe sind unvorhersehbar und bedauerlicherweise hat das zu Verzögerungen geführt.

> *Wir sind uns bewusst, dass diese Situation für Sie belastend ist und möchten Ihnen versichern, dass wir Ihr Anliegen ernst nehmen. Anstatt einer Mietminderung möchten wir Ihnen jedoch alternative Lösungen anbieten. Wir können beispielsweise Ihre Balkonnutzung auf andere Weise ermöglichen, während die Bauarbeiten noch im Gange sind. Bitte lassen Sie uns wissen, ob das für Sie eine akzeptable Option wäre.*
>
> *Wir möchten betonen, dass es uns wichtig ist, das Wohl aller unser Mieter im Auge zu behalten. Eine Mietminderung für einen Mieter könnte einen Präzedenzfall schaffen, der zu weiteren Forderungen führen könnte. Daher bitten wir um Verständnis dafür, dass wir aus Rücksicht auf alle Mieter in diesem speziellen Fall keine Mietminderung gewähren können. Nochmals möchten wir uns für die Unannehmlichkeiten entschuldigen und hoffen auf Ihr Verständnis für diese außergewöhnliche Situation. Wir werden Sie weiterhin über den Fortschritt bei den Bauarbeiten auf dem Laufenden halten und sind bemüht, diese so schnell wie möglich abzuschließen.*
>
> *Mit freundlichen Grüßen"*

Kommentar zur Antwort der KI

1. Allen Nutzern der KI muss bewusst sein, dass die Chat-Eingabe präzise erfolgen muss. Ansonsten entsteht Unsinn, den man mit einem weiteren Chat korrigieren muss. Das kostet Zeit.

   Im Beispiel hat die KI im ersten Anlauf nicht erkannt, dass es sich um eine Fremdfirma handelt und nicht das Wohnungsunternehmen selbst betrifft.

Ursprüngliche Eingabe: „Aufgrund von Lieferengpässen beim Baumaterial konnte die Baumaßnahme **vom Unternehmen** noch nicht abgeschlossen werden."

Präzisere Eingabe: „von **einem anderen** Unternehmen".

2. Die KI produziert jede Menge stilistische Fehler. Im Beispiel betrifft das vor allem das Verb „möchten".

   - möchten versichern (zweimal)
   - möchten hinweisen
   - möchten anbieten
   - möchten betonen
   - möchten entschuldigen

   Das Verb „möchten" drückt eine Absicht bzw. einen Wunsch aus. Damit verlagert es das Geschehen in die Zukunft (siehe Gebrauch Konjunktiv Seite 101). In allen Fällen wird das Verb „möchten" falsch gebraucht, siehe Seite 84.

   Im ersten Satz bedankt sich die KI für ein Verständnis. Der Mieter hat aber überhaupt kein Verständnis für diese Situation, zumindest hat er es nicht geäußert. Damit ist diese Aussage stilistisch falsch.

3. Die KI produziert eine Antwort in einer „epischen Breite", die kein Mensch braucht. Dabei hat man den Eindruck, dass die KI alle erdenkbaren Phrasen drischt, die irgendwie im System hinterlegt sind. Die Nutzer von KI müssen also unbedingt kürzen.

4. Die KI bietet eine alternative Balkonnutzung an?!? Der Vorschlag wird nicht konkret benannt und ist in der Realität völliger Unsinn.

   Das heißt, der Nutzer von KI muss in diesem Fall korrigierend eingreifen.

Ein versierter Mitarbeiter kann wie folgt antworten:

> ***Beispiel:***
>
> *Sehr geehrter Herr Mayer,*
>
> *Ihre Verärgerung über die längere Standzeit des Gerüstes und die damit verbunden Einschränkungen bei der Balkonnutzung kann ich nachvollziehen.*
>
> ***Was ist die Ursache für die längere Standzeit?***
>
> *Es gibt Lieferengpässe bei bestimmten Baumaterialien. Somit sind der Baufirma die Hände gebunden. Das ist leider von uns nicht zu beeinflussen. Aus diesen Gründen gewähren wir in diesen Fällen keine Mietminderung. Wir bleiben aber dran und bemühen uns um eine schnelle Fertigstellung der Arbeiten.*
>
> *Wir bitten Sie für diese Situation um Verständnis.*
>
> *Freundliche Grüße*

Dieses positive Beispiel kann man sicherlich der KI zur Verfügung stellen. Damit kann diese Situation zukünftig von der KI vielleicht besser gelöst werden. Das wird von den Unternehmen selbstverständlich bereits jetzt ohne KI praktiziert, indem eine Mustertext-Sammlung angelegt wird.

Allerdings ist auch hier der prüfende Blick des Mitarbeiters gefragt. Keine Situation gleicht der anderen. Es gibt immer Nuancen, die man bei einer Antwort berücksichtigen muss. Vielleicht kommt der Mitarbeiter bei einer außergewöhnlichen Situation doch zu der Einschätzung, dass eine Mietminderung gewährt wird.

Nutzung von KI im Service nicht sinnvoll

Die Nutzung der KI für solche individuellen Korrespondenz-Situationen im Service-Bereich ist nicht effektiv. Es entsteht ein Text mit sehr vielen Phrasen, der nicht authentisch wirkt.

Wenn ein Mitarbeiter diesen Textentwurf von ChatGPT optimieren will, braucht er unweigerlich ein solides sprachliches Fachwissen zur Korrespondenz. Nur so kann er stilistische Fehler eliminieren

Wenn er über dieses Wissen verfügt, kann er wahrscheinlich präziser und vor allem authentisch gleich selbst antworten – ohne KI zu bemühen.

2. Einsatz von KI im Korrespondenz-Prozess

Wenn ein Bürger bei einer Behörde einen Antrag stellt, kommt es immer wieder vor, dass bestimmte Unterlagen fehlen oder bestimmte Angaben nicht gemacht wurden. Damit die Behörde den Antrag prüfen und einen Bescheid erstellen kann, werden diese fehlenden Unterlagen bzw. Angaben nachgefordert.

Die Prüfung des Antrages auf Vollständigkeit kann die KI den Mitarbeitern vom Amt abnehmen. Voraussetzung ist die Digitalisierung des Antrages oder eine perfekte Spracherkennung bei handschriftlichen Anträgen.

Nehmen wir an, dass die KI bei der Prüfung zu dem Ergebnis kommt, dass Unterlagen oder Angaben fehlen. In diesem Fall kann die KI automatisch beauftragt werden, gleich ein Anschreiben an den Bürger zu verfassen. Der ganze Vorgang der

Prüfung auf Vollständigkeit kann somit automatisiert werden. Man erreicht eine Beschleunigung der Antragsbearbeitung, die wahrscheinlich nach heutigem Maßstab „Lichtgeschwindigkeit“ bedeutet.

Viele Behörden haben für ihre spezielle Situation bereits Formschreiben entwickelt, bei denen die Mitarbeiter nur noch für den konkreten Fall die benötigten Daten eintragen. Wie geht ChatGPT mit dieser Situation um?

Aufgabe an ChatGPT

Ich arbeite beim Sozialamt und benötige für die Bearbeitung des Antrages auf Kindergeld noch eine Geburtsurkunde für das Kind Rosalie Richter. Bitte reichen sie diese im Original bis zum 30. Juni 2023 ein. Ohne die Geburtsurkunde ist eine weitere Bearbeitung des Antrages nicht möglich. Schreibe bitte eine entsprechende E-Mail an Frau Richter.

Antwort der KI:

„Betreff: Antrag auf Kindergeld – Bitte Einreichung der Geburtsurkunde für Rosalie Richter

Sehr geehrte Frau Richter,

ich hoffe, diese E-Mail erreicht Sie bei bester Gesundheit. Mein Name ist Max Muster und ich arbeite beim Sozialamt. Ich wende mich heute an Sie in Bezug auf Ihren kürzlich gestellten Antrag auf Kindergeld für Rosalie Richter.

Zunächst möchte ich Ihnen mitteilen, dass wir Ihren Antrag erhalten haben und gerne mit der Bearbeitung beginnen würden. Es fehlt uns noch ein wichtiges Dokument, das für die Fortsetzung des Verfahrens erforderlich ist – die Geburtsurkunde für Rosalie Richter.

Bitte beachten Sie, dass wir das Originaldokument benötigen, um die erforderliche Überprüfung vorzunehmen. Daher möchten wir Sie bitten, die Geburtsurkunde im Original bis spätestens zum 30. Juni 2023 bei uns einzureichen. Ohne die vollständigen Unterlagen ist es uns leider nicht möglich, Ihren Antrag weiterzubearbeiten.

Wenn Sie Schwierigkeiten haben, die Geburtsurkunde rechtzeitig zu beschaffen, empfehlen wir Ihnen, sich umgehend mit dem entsprechenden Standesamt oder der Behörde in Verbindung zu setzen, um eine Kopie des Originals zu erhalten.

Wir verstehen, dass das Beschaffen von Dokumenten manchmal zeitaufwendig sein kann, möchten Sie jedoch bitten, die erforderlichen Schritte einzuleiten, um die Geburtsurkunde sobald wie möglich zu erhalten und uns vor dem genannten Termin zu stellen. Dadurch können wir Ihren Antrag zeitnah abschließen und Ihnen das Kindergeld ermöglichen.

Für weitere Fragen oder Unklarheiten stehe ich Ihnen gerne zur Verfügung. Sie können mich telefonisch unter … oder per E-Mail unter … erreichen.

Vielen Dank im Voraus für Ihre Unterstützung und Ihr Verständnis. Wir freuen uns darauf Ihren Antrag weiterzubearbeiten und Ihnen bei etwaigen Anliegen behilflich zu sein.

Mit freundlichen Grüßen

Kommentar zur Antwort der KI

1. Formulierung des Betreffs

Die KI generiert in dem Beispiel einen Betreff, der nicht präzise ist. Die Behörde stellt ja keinen Antrag. Korrekt ist die Formulierung „Ihr Antrag …". Danach folgt ein etwas „holpriger" Stil: „Bitte Einreichung" – besser: „Bitte um Einreichung …").

Bei einem Antrag ist es auch wichtig ein Aktenzeichen anzugeben. Damit Korrespondenz dem Verwaltungsverfahren zugeordnet werden kann. Hier muss dann allerdings die Eingabe an Chat GPT präzisiert werden.

> *Optimierter Betreff:*
>
> *Ihr Antrag auf Kindergeld – Bitte nachreichen: Geburtsurkunde Rosalie Richter*
>
> *Aktenzeichen: 1234567 – Bitte stets angeben.*
>
> *Sehr geehrte Frau Richter,*
>
> **Ergänzung:** *Die Angabe eines Unterbetreffs kann in der E-Mail zwei Leerzeilen oberhalb der Anrede erfolgen (siehe Punkt siehe Seite 54). Die Angabe des Aktenzeichens würde ansonsten die eigentliche Betreffzeile „sprengen".*

2. Einleitung

Der „Gesundheitssatz" („Ich hoffe, diese E-Mail erreicht Sie bei bester Gesundheit.") hat keine Relevanz und wird nicht benötigt.

Der Vorstellungssatz („Mein Name ist Max Muster und ich arbeite beim Sozialamt.") hat bei diesem Anlass überhaupt keine Bedeutung und kann gestrichen werden. Hier kann sicher eine Optimierung des Auftrages an ChatGPT erfolgen, indem man nicht seine eigene Aufgabe eingibt, sondern nur den Auftrag formuliert.

Sehr umständlich wird über drei Sätze(!) dargestellt, dass die Geburtsurkunde benötigt wird. Den folgenden Satz wird jedes Amt sicherlich als Slapstick-Einlage kommentieren.

„Zunächst möchte ich Ihnen mitteilen, dass wir Ihren Antrag erhalten haben und gerne mit der Bearbeitung beginnen würden."

Übrigens – wenn die Behörde den Antrag nicht erhalten hätte, ergibt der ganze Text keinen Sinn. Deshalb ist das Quittieren des Erhaltens einer Korrespondenz nur sinnvoll, wenn es um Fristen geht.

> *Optimierte Einleitung:*
>
> *Beim Prüfen Ihres Antrages habe ich festgestellt, dass die Geburtsurkunde fehlt.*

3. Formulierung der Aufforderung

Im Hauptteil wird sehr unverbindlich („möchten bitten") die eigentliche Aufforderung formuliert. Darüber hinaus kommt es zu Wiederholungen („erforderliche Überprüfung"), Selbstverständigungen mit Emotionen („…ist es uns leider nicht möglich, Ihren Antrag weiterzubearbeiten.") und zu Abschweifungen (Beschaffung der Urkunde).

Bei den Darstellungen kommt es auch zu zwei inhaltlichen Fehlern. Die Geburtsurkunde (ein Exemplar ist für das Amt zur Beantragung von Elterngeld bestimmt) wird im Original benötigt. Eine Kopie ist nicht möglich. Ob die Behörde wirklich Kindergeld „ermöglicht", sollte nicht im Vorfeld kommuniziert werden. Da begibt sich die Behörde mit Versprechen evtl. auf Glatteis. Erst nach Prüfung aller Sachverhalte kann Kindergeld gewährt werden. Diese zwei Punkte kann man nicht ChatGPT unmittelbar anrechnen. Vielleicht hätte hier die Eingabe präziser sein müssen.

> ***Optimierte Aufforderung:***
>
> *Bitte reichen Sie Geburtsurkunde für Rosalie Richter im Original (auf dem Dokument steht: „Zur Beantragung von Elterngeld") bis zum 30. Juni 2023 nach. Vielen Dank.*

4. Formulierung des Schlussgedankens

Keine Person sollte „zur Verfügung stehen" (siehe Seite 16). Das ist alter untertäniger Stil. Des Weiteren unterläuft dem ChatGPT bei dieser Formulierung eine Stilblüte. Für Fragen kann man zur Verfügung stehen (= alter Stil). Aber, kann man für Unklarheiten zur Verfügung stehen. Das würde ja bedeuten, jemand wendet sich an das Amt, um Unklarheiten zu bekommen?

Im letzten Absatz wird ein Stilfehler produziert. Man kann sich erst für ein Verständnis bedanken, wenn der andere es geäußert hat. Das ist in diesem Fall nicht zu ermitteln. Der letzte Satz wird in den Amtsstuben eher einen Lachanfall hervorrufen.

„Wir freuen uns darauf Ihren Antrag weiterzubearbeiten und Ihnen bei etwaigen Anliegen behilflich zu sein."

Dieser Satz ist überflüssig. „Serviceorientierte Verwaltung" geht anders und braucht keine Übertreibungen.

Optimierter Schlussgedanke:

Wenn Sie Fragen zum Antrag haben oder Unterstützung benötigen, rufen Sie uns bitte an (Tel. …) oder senden Sie eine E-Mail an …

Freundliche Grüße

Optimiertes Formulierungsbeispiel zusammengefasst:

Beispiel:

Betreff: Ihr Antrag auf Kindergeld – Bitte nachreichen: Geburtsurkunde Rosalie Richter

Aktenzeichen: 1234567 – Bitte stets angeben.

Sehr geehrte Frau Richter,

beim Prüfen Ihres Antrages habe ich festgestellt, dass die Geburtsurkunde fehlt.

Bitte reichen Sie die Geburtsurkunde für Rosalie Richter im Original (auf dem Dokument steht: „Zur Beantragung von Elterngeld“) bis zum 30. Juni 2023 nach. Vielen Dank.

Wenn Sie Fragen zum Antrag haben oder Unterstützung benötigen, rufen Sie uns bitte an (Tel. …) oder senden Sie eine E-Mail an …

Freundliche Grüße

3. Korrespondenz in besonderen Situationen

Wenn eine allgemeine Korrespondenzaufgabe ansteht und die Person, die mit dieser Schreibaufgabe betraut ist, keinen

Plan und keine Idee hat, wie sie den Text verfassen soll, wie sie den Text strukturieren soll, dann kann es eine Idee sein, ChatGPT zu fragen.

Merke

Aufgabe an ChatGPT: Schreibe mir bitte eine Einladung für das nächste Verbandstreffen der Hummelfreunde. 12.12.2023, 10 bis 18 Uhr. In Dresden im Hotel Sonne.

Formulierung von ChatGPT

Betreff: Einladung zum Verbandstreffen der Hummelfreunde

Liebe Hummelfreunde,

wir freuen uns, euch zur nächsten Veranstaltung des Verbandstreffens der Hummelfreunde einzuladen! Es ist eine großartige Gelegenheit, sich mit Gleichgesinnten auszutauschen, neues Wissen zu erwerben und gemeinsam die faszinierende Welt der Hummeln zu erkunden.

Datum: 12. Dezember 2023 Uhrzeit: 10:00 bis 18:00 Uhr

Ort: Hotel Sonne Adresse: [Straße], [PLZ] Dresden

Wir haben das Hotel Sonne in Dresden als Veranstaltungsort gewählt, da es eine hervorragende Lage und Moderne bietet, um unsere Zusammenkunft in angenehmer Atmosphäre abzuhalten.

Das Verbandstreffen der Hummelfreunde bietet eine Reihe spannender Aktivitäten und Programmpunkte:

- Begrüßung und Eröffnungsrede
- Fachvorträge renommierter Hummelexperten
- Präsentationen aktueller Forschungsergebnisse
- Diskussionsrunden und Austausch von Erfahrungen
- Ausstellung von Hummelarten und -fotografien
- Verkaufsstände mit Büchern und Zubehör rund um Hummeln
- Networking-Möglichkeiten mit anderen Hummelfreunden

Bitte beachten Sie, dass für die Teilnahme am Verbandstreffen eine Anmeldung erforderlich ist. Die Teilnehmerzahl ist begrenzt, daher empfehlen wir euch, euch gemeinsam anzumelden, um euren Platz zu sichern. Weitere Informationen zur Anmeldung und den Teilnahmegebühren erhaltet ihr in der beigefügten Anmeldeunterlage.

Wir freuen uns auf eure Teilnahme und darauf, gemeinsam eine informative und inspirierende Veranstaltung zu erleben. Nutzt diese Gelegenheit, um euer Wissen zu erweitern, neue Freundschaften zu schließen und eure Begeisterung für Hummeln zu teilen.

Bei Fragen oder Anliegen stehen wir Ihnen gerne zur Verfügung. Sie können uns per E-Mail an [E-Mail-Adresse] oder telefonisch unter [Telefonnummer] erreichen.

Mit hummeligen Grüßen,

[Dein Name] [Deine Position im Verband]

Kommentar zum Textentwurf von ChatGPT

Der Entwurf ist aus sprachlicher Sicht nicht schlecht und kann mit wenig Aufwand optimiert werden.

Betreff: Der ist in Ordnung. Vielleicht kann dieser mit einem Spruch über Hummeln ergänzt werden. Dazu wurde ChatGPT noch einmal befragt. Antwort:

„Die kleinen Flügel der Hummeln tragen nicht nur Ihren Körper, sondern auch unsere Bewunderung für ihre unglaubliche Fähigkeit, scheinbar Unmögliches zu erreichen."

Dieser Spruch ist eine sehr gute Möglichkeit, den Text aufzulockern. Vielleicht im Betreff? Vielleicht am Schluss?

Die Einleitung: Diese ist sprachlich schön formuliert. Überlegenswert ist, ob man den zweiten Satz streicht.

Der Hauptteil: Dieser Teil ist vom Auftraggeber mit den konkreten Daten zu füllen (z. B. Agenda, Anmeldeformular usw.). ChatGPT hat eine vernünftige Struktur aufgebaut und stilistisch korrekt formuliert. Ob der Veranstaltungsort in dieser epischen Breite gewürdigt werden muss, kann jeder selbst entscheiden.

Schlusssatz: Hier wird die veraltete Formulierung „zur Verfügung stehen" verwendet und das Wort „Anliegen" passt nicht in diesen Kontext.

Optimierte Variante: Bei Fragen und Anregungen zum Verbandstreffen können Sie uns telefonisch (0123 456789) oder per E-Mail … kontaktieren.

Zusammengefasst

ChatGPT bietet uns bei solchen besonderen Korrespondenzanlässen einen vernünftigen Text an. Das hilft vor allem den Menschen, die keine Idee, keinen Plan für einen solchen Text haben. Das betrifft in diesem Fall Personen, die nicht routinemäßig Einladungen schreiben.

Trotzdem ist ein Nacharbeiten erforderlich. Nur so erhält der Text den notwendigen Feinschliff. Dafür ist selbstverständlich auch wieder sprachliches Wissen notwendig.

Nutzung von KI für das Verfassen von besonderen Texten möglich

Wenn es um Texte geht, die nicht alltäglich sind, die auch eine „blumige Sprache" benötigen (z. B. Glückwünsche zu bestimmten Anlässen, Einladungen, ...), dann hilft die KI, einen Grundtext zu kreieren.

Der Anwender erhält in solchen Fällen in der Regel einen vernünftigen Vorschlag, den er weiter ausbauen oder kürzen kann, der mit Zahlen, Daten, Fakten weitergefüttert werden kann/muss.

Damit ein wirklich guter Text entsteht ist wiederum emotionale Intelligenz gefragt, die die Beziehungen zum Empfängerkreis realistisch einschätzen kann.

Gesetzliche Grundlagen für die Anwendung von KI

Für den EU-Raum ist u.a. verbindlich vorgegeben, dass „jeder das Recht hat, nicht ausschließlich auf einer automatisierten Verarbeitung – einschließlich Profiling – beruhenden Entscheidung unterworfen zu werden, die ihr gegenüber rechtliche Wirkung entfaltet oder sie in erheblicher Weise beeinträchtigt" (Art. 22 Abs. 1 DSGVO). Nach den weiteren rechtlichen Vorgaben der EU sind angemessene Maßnahmen zu treffen, um „die Rechte und die Freiheiten sowie die berechtigten Interessen der betroffenen Personen zu wahren".

Andererseits ist z.B. im Bildungsbereich eine Diskussion entbrannt über den Umgang mit KI bzw. die Zulässigkeit der Anwendung von KI (Schlagzeile in den Medien: „ChatGPT besteht Klausuren im US-Jura-Studiengang mit befriedigend"). Die EU beabsichtigt nun, eine europa-weit geltende Verordnung zu erlassen, mit der die Vorschriften für die KI harmonisiert, der Anwendungsbereich der KI konkretisiert und die Rahmenbedingungen, unter denen KI möglich sein soll, grundlegend geregelt werden sollen.

Sicherlich besteht die unbestreitbare Notwendigkeit, KI zu fördern und die in ihr liegenden Chancen zu erkennen (vgl. u.a. auch tagesschau.de vom 31. Jan. 2023: „Verschläft Deutschland (wieder einmal) die Entwicklung? – Den Chat-Bot kann jeder einfach ausprobieren. Eine Frage eingeben und eine Antwort erhalten, die menschlich klingt. ..."). Zu Recht sieht die EU in der KI ein „Schlüsselinstrument für die Entwicklung der Zukunft in Europa"; so die EU in ihrer Gesetzesvorlage. Dennoch: Es besteht auch das Bedürfnis, „die schützenswerte Grundrechte der Bürger zu wahren." So u.a.

bei der Anwendung der KI im Zusammenhang mit der Auswahl von Bewerbern bei einem Stellenbesetzungsverfahren.

Das Vorhaben der EU befindet sich im letzten Stadium des Gesetzgebungsverfahrens. Mit seiner Verabschiedung wird Ende des Jahres 2023/Anfang des Jahres 2024 gerechnet. Es bleibt abzuwarten und kann an dieser Stelle nicht weiter vertieft werden, wer Adressat der Verordnung – also davon betroffen – sein wird, welche Schutzvorschriften zugunsten der EU-Bürger und welche Ausnahme-Regelungen getroffen werden. So ist z. B. nach § 37 BDSG jetzt schon im Versicherungs-Bereich eine – ausschließlich auf einer automatisierten Bearbeitung beruhende – Entscheidung möglich, wenn die Entscheidung im Rahmen einer Leistungserbringung erfolgt, mit der dem Begehren der betroffenen Person in vollem Umfange stattgeben wird. Mit § 35a VwVfG besteht im hoheitlichen Bereich bereits jetzt die Möglichkeit für einen „vollständig automatischen Erlass eines Verwaltungsaktes"). Warten wir also zunächst die gesetzlichen Grundlagen und die weitere Entwicklung ab.

Blick in die Zukunft

Die Autoren sind sich einig, dass es viele Synergie-Effekte zwischen der KI und dem formulierenden Menschen geben wird. Manches kann die KI dem Menschen abnehmen.

Darüber hinaus wird es auch zukünftig den Hang und Zwang zu einer wirkungsvollen menschlichen Korrespondenz geben, zum Beispiel, wenn es um Motivation der Lesenden geht, wenn es um Einfühlungsvermögen bzw. Wertschätzung geht, wenn ein persönlicher Eindruck wichtig ist, wenn ganz individuelles Reagieren notwendig ist, wenn ein individuelles Abwägen/Ermessen notwendig ist.

Die Fähigkeit, **eindrucksvoll zu formulieren,** das wird die KI den Schreibenden nicht abnehmen. Wir brauchen in bestimmten Situationen Menschen mit emotionaler Intelligenz

Wer überzeugend schreibt, der bleibt … in Erinnerung!

Stichwortverzeichnis

Die Autoren

Prof. Dr. Edmund Beckmann war u. a. Justitiar der Stadt Bochum, Dezernent für Rechtsangelegenheiten, Liegenschaften und Studentische Angelegenheiten der Ruhr-Universität Bochum, Hochschullehrer an der FHöV NRW mit den Lehrgebieten Kommunalrecht und Öffentliches Baurecht, Lehrbeauftragter verschiedener kommunaler Studieninstitute sowie Angehöriger der RA-Kanzlei Beckmann & Abshoff.

www.profebeckmann.de

profebeckmann@hotmail.com

Dr. Steffen Walter bietet Korrespondenztraining und Korrespondenzberatung. Er unterstützt seit 30 Jahren als Trainer Unternehmen und Öffentliche Verwaltungen, ihre schriftsprachliche Kommunikation zu optimieren. Dabei entstehen zeitgemäße und empfängerorientierte Texte. Darüber hinaus geht es um die Verankerung von sprachlichen Unternehmensleitbildern.

drsteffenw@aol.com

Impressum:
Verlag C. H. Beck im Internet: www.beck.de
ISBN Print: 978-3-406-80934-7
ISBN E-Book: 978-3-406-80935-4

Wilhelmstraße 9, 80801 München
Satz: Fotosatz Buck, 84036 Kumhausen
Druck und Bindung: Beltz Bad Langensalza GmbH
Am Fliegerhorst 8, 99947 Bad Langensalza
Umschlaggestaltung: Ralph Zimmermann – Bureau Parapluie
Umschlagbild: © BillionPhotos.com – fotolia.com

chbeck.de/nachhaltig

Gedruckt auf säurefreiem, alterungsbeständigem Papier
(hergestellt aus chlorfrei gebleichtem Zellstoff)